新・数理科学ライブラリ[物理学]=7

物理数学の基礎

香取眞理・中野 徹 共著

サイエンス社

サイエンス社のホームページのご案内
http://www.saiensu.co.jp
ご意見・ご要望は　rikei@saiensu.co.jp　まで．

まえがき

　理工系の学科に入学して物理学や工学の講義に出席するようになるとすぐに，大学の講義では数学がとてもよく使われることに気がつくことだろう．専門分野を勉強するために必要な，微積分や線形代数の講義も，並行して行われている．しかし多くの場合は，そういった数学の講義の進行を待つことなく，多重積分や微分方程式，あるいはベクトルや行列の演算を使って，力学や電磁気学の講義が進められていくのが現状である．もちろん多くの学生は，高校時代に微分も積分も行列も習ったはずである．数学は積み重ねていけば必ずわかる分野なのだから，高校で習ったことをよく復習して，大学での数学の講義をじっくりと半年ないしは1年間受講すれば，行く行くは，必要な数学の知識がすべて得られるはずである．しかし，目の前で今行われている物理や工学の講義では，使われている数学にまだなじみがないので，よくわからないことがしばしばある．

　それでは，大学に入学してすぐの半年間で，物理学や理工系の専門科目の勉強をスタートするのに必要な数学を，一通り学んでしまったらどうだろうか．もちろん数学をしっかりと学習するには，それなりの時間が必要である．それを半年間で勉強するとなると，数学的厳密性を追求することはあきらめざるを得ない．しかし，たとえ厳密性をある程度は犠牲にしたとしても，それはマイナスばかりではない．数学が理工系の学問を進めるためにとても役立つことを，早い時期から実感することにより，むしろ，数学をきっちりと勉強したいという強い動機が生れるからである．

　本書は，理工系の学部1年生を対象にした，ベクトル，微分，積分，微分方程式，行列演算，そしてベクトル解析の入門書である．これらの数学を本文中で説明するときも，例題や章末問題を設定するときも，なるべく物体の運動や電気回路，あるいは電場・磁場の変化や流体の流れといった物理現象を題材に用いることにした．それらの題材を説明するのに，図やコラム記事をたくさん付けた．これは，読者がおのずと，数学的表現を与えることの意義を理解し，その直観的なイメージを身につけて，数学が「使える」ようになることを願ってである．

もっとも筆者らは，物理学やそれを用いた工学諸学の理解は，「目を通して」ではなく「手を通して」であると考えている．本文中の例題には丁寧な解答を与え，いろいろなパターンの章末問題を課しておいた．これらの演習問題を，時間をかけて自分自身の手で解いてみることを強く勧める．手計算を繰り返すと，そのうちに自分の頭の中で計算ができるようになるはずである．それこそが「理解が深まった」証拠である．

　最近のコンピュータの発展は著しく，微分や積分などの数式処理を行う計算機ソフトも容易に利用できるようになってきた．このことを考慮して，本書では数値微分や数値積分の基礎もトピックスとして加えた．

　本書は，理工学部物理学科 1 年生を対象に，著者らが前期半年間で行ってきた講義をもとにして作成した．章末問題は，講義とは別の演習の時間に学生たちに出題したものを集めた．大学に入学したての学生たちは，高校で習った数学や物理との違いに驚きながら，この講義や演習を楽しんだ様子である．

　本書を著す機会を与えて下さり，原稿を丁寧に読んで有益なアドバイスを下さった宮下精二先生に心より感謝を申し上げる．また，本書の出版にあたり大変お世話になったサイエンス社編集部の田島伸彦氏ならびに鈴木まどかさんに厚くお礼を申し上げる．

2000 年 12 月

香取眞理
中野　徹

目　次

1. **ベクトルと座標系** — 1
   - 1.1 ベクトルの定義 — 2
   - 1.2 ベクトルの和，内積，外積 — 3
   - 1.3 ベクトルの座標表示 — 9
     - 1.3.1 2次元 — 9
     - 1.3.2 3次元 — 13
     - 1.3.3 単位ベクトル — 14
     - 1.3.4 内積と外積の成分表示 — 16
   - 1.4 章末問題 — 21

2. **微分** — 25
   - 2.1 差分と微分 — 26
   - 2.2 基礎的な微分の公式 — 29
   - 2.3 運動方程式 — 30
   - 2.4 テイラー展開 — 34
   - 2.5 数値微分 — 40
   - 2.6 偏微分と全微分 — 42
   - 2.7 章末問題 — 44

3. **積分** — 49
   - 3.1 基礎的な不定積分の公式 — 50
   - 3.2 微小要素からの寄与 — 52
   - 3.3 微小要素の座標変換 — 53
     - 3.3.1 円の面積 — 53
     - 3.3.2 球の体積 — 54
     - 3.3.3 ガウス積分 — 56
   - 3.4 剛体回転する物体の運動エネルギー — 57
     - 3.4.1 角柱の場合 — 58
     - 3.4.2 円柱の場合 — 59
     - 3.4.3 球の場合 — 59
   - 3.5 ポテンシャル・エネルギー — 61

	3.5.1	バネのエネルギー	61
	3.5.2	重力のエネルギー	61
3.6	数値積分		64
	3.6.1	最も単純な方法	65
	3.6.2	台形公式	65
	3.6.3	シンプソン公式	66
3.7	章末問題		68

4. 微分方程式　　71

- 4.1 力学で現れる簡単な微分方程式 ... 72
  - 4.1.1 重力下での物体の運動 ... 72
  - 4.1.2 抵抗力を受けて落下する物体の運動 ... 73
  - 4.1.3 バネに束縛された物体の運動 ... 76
- 4.2 電気回路の問題 ... 78
  - 4.2.1 RC 回路 ... 78
  - 4.2.2 LCR 回路 ... 82
  - 4.2.3 交流 LCR 回路 ... 84
- 4.3 非線形微分方程式 ... 87
- 4.4 微分方程式とエネルギー保存則 ... 90
  - 4.4.1 エネルギー保存則 ... 90
- 4.5 電気回路における保存則 ... 91
- 4.6 章末問題 ... 93

5. 行列と行列式　　97

- 5.1 行列の演算 ... 98
- 5.2 行列式の定義 ... 102
- 5.3 行列式と体積 ... 106
- 5.4 1次独立と1次従属 ... 107
- 5.5 行列の固有値と固有ベクトル ... 109
  - 5.5.1 フィボナッチ数 ... 109
  - 5.5.2 結合振動子 ... 113
- 5.6 章末問題 ... 116

6. ベクトル解析　　119

- 6.1 スカラー場とベクトル場 ... 120
- 6.2 勾配 ... 121
- 6.3 発散 ... 125
- 6.4 ガウスの定理 ... 128

6.5	回　転	130
6.6	ストークスの定理	132
6.7	章 末 問 題	133

章末問題略解　　135

索　引　　149

ベクトルと座標系

1

　私たちが生活している空間は3次元である．そのため，物体が運動しているときにはその速度の大きさだけでなく，どの向きに動いているのかも指定しなければならない．つまり物体の運動は3次元ベクトルの時間変化として記述される．このため物理ではベクトルが頻繁に出てくるのである．まずベクトルの演算について詳しく説明する．特にこの章で，ベクトルの外積の定義を確実に理解して欲しい．次にベクトルを数値的に表示するのに必要な，座標系について述べる．座標表示を用いるとベクトルの演算を簡単に行うことができるようになるからである．座標系の選び方は一通りではない．本章では，便利な座標系をいくつか紹介する．問題により最も適切な座標系を選ぶことが解法のキーとなる．それぞれの座標表示の仕方や異なる座標系への変換の仕方を，ここでしっかりと勉強しておいてもらいたい．

本章の内容

ベクトルの定義
ベクトルの和，内積，外積
ベクトルの座標表示
章末問題

1.1 ベクトルの定義

ベクトルは大きさと方向を持つ量である．高校の教科書では，$\vec{A}$ というように上に矢印を付けて表した．これはいかにも「大きさだけではなく方向も持つのだ」という感じで，とても良い記述方法である．しかし，大学で使う教科書，あるいは数学や物理学や工学の専門書では，ベクトルは単に太文字 $\boldsymbol{A}$ で表されることが多い[*1]．

ベクトルが方向を持つのに対して，方向を持たず大きさだけを持つ量を**スカラー**と呼ぶ．ベクトル $\boldsymbol{A}$ の大きさ (これはスカラー) を A，あるいは $|\boldsymbol{A}|$ と書く．

皆さんがこれからベクトルを書くとき (例えば，この教科書にある章末問題の解答を書くとき) には，高校生のときと同様に，$\vec{A}$ というように矢印付きで表してもよいし，大学で使う専門書にあるように $\boldsymbol{A}$ と太文字で書いてもよい (図 1.1 を参考にしなさい)．どちらでも構わないが，しかし，そのどち

[*1] 中学や高校の教科書を読んでいてすでに気づいていると思うが，物理の書物では，x, y, z といったスカラーの変数はイタリック (斜体文字) で，cm, mg, s といった単位はローマン (立体文字) で表す．ベクトルはボールド (太文字) で表すが，イタリックのボールド (斜体文字の太文字) か，ローマンのボールド (立体文字の太文字) かは，国によって異なっているようだ．ヨーロッパ系の国では $\boldsymbol{A}$ のようにイタリックのボールドであるが，アメリカでは $\mathbf{A}$ のようにローマンのボールドで表すのが普通である．この教科書では，ベクトル記号に関してはヨーロッパ風にすることにした．

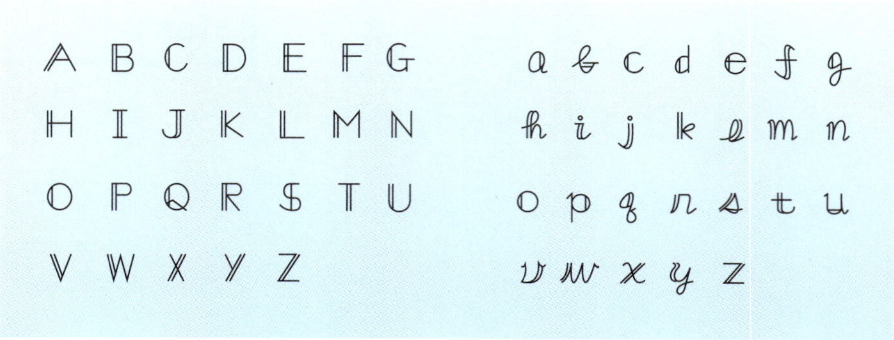

図 1.1 ベクトルの手書き法の一例

らかを選択しなければいけない．そうしないと，スカラーと混同してしまうからである．以下ではまずスカラーとベクトルの和と積を勉強するが，とにかく重要なことは，常にスカラーかベクトルかの区別をしっかり考えていないと間違えてしまうということである．

1.2 ベクトルの和，内積，外積

ある粒子 (質点) に 2 つの力 $\boldsymbol{F}_1$ と $\boldsymbol{F}_2$ が働いている．このとき粒子に働く力は，図 1.2 のように 2 つの力を合成して作られる**合力** $\boldsymbol{F}$ が働くのと同じである．このことを数式では

$$\boldsymbol{F} = \boldsymbol{F}_1 + \boldsymbol{F}_2$$

と書く．力は大きさと方向を持つベクトルである．一般にベクトル $\boldsymbol{A}$ とベクトル $\boldsymbol{B}$ との足し算は，図 1.3 のように平行四辺形の対角線で定義される．

ベクトル $\boldsymbol{A}$ にスカラー c をかけたものを $c\boldsymbol{A}$ と書く．$c > 0$ のときは，$c\boldsymbol{A}$ の向きは元のベクトルと変わらず大きさだけが c 倍になったベクトルである．$c < 0$ のときは，$c\boldsymbol{A}$ は $\boldsymbol{A}$ とは逆向きで，大きさが $|c|$ 倍のベクトルである (図 1.4 を参照しなさい)[*2]．例えば，質量 m の粒子が速度 $\boldsymbol{v}$ で運動している

[*2]「南北方向」というときには，「南向き」か「北向き」かは指定されていない．同じように，「ベクトル $\boldsymbol{A}$ の方向」というときにも，方向だけで向きは指定されていないものとしよう．また，$c > 0$ のときには「$c\boldsymbol{A}$ は $\boldsymbol{A}$ の**正の向き**である」といい，$c < 0$ のときには「**負の向き**である」ということにする．

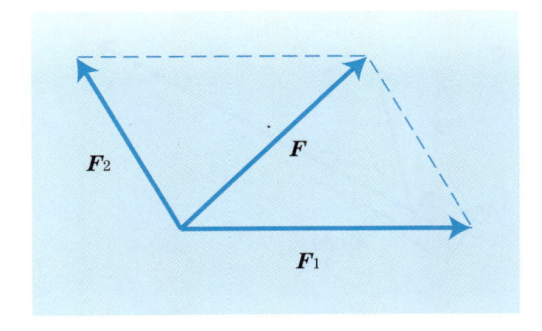

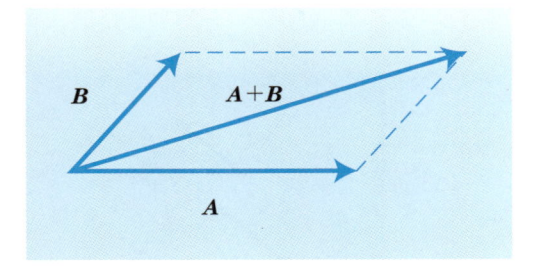

図 1.2 力の合成

図 1.3 ベクトルどうしの足し算

とき，その粒子の**運動量 p** は，速度 v に質量 m をかけた mv というベクトルである．

ベクトルどうしの足し算 (和) と，スカラーとベクトルとのかけ算 (積) の定義を述べたが，それらの答はいずれもベクトルであった．(スカラーどうしの和とスカラーどうしの積の答は，いずれもスカラーである．) それでは，ベクトルどうしの積はどのように定義されるのであろうか．これには**内積**と**外積**と呼ばれる 2 種類がある．前者のかけ算をすると答はスカラーとなり，後者のかけ算をすると答はベクトルとなる．そのため，内積は**スカラー積**，外積は**ベクトル積**とも呼ばれる．

力学でよく出てくる問題に，「物体に力 F を加えて s だけ動かしたとき，物体にした仕事 W を答えなさい」というものがある．(s は，物体がどの方向にどれだけの距離だけ移動したのかを表すベクトルである．これを**変位ベクトル**と呼ぶ．) 答は $W = Fs\cos\theta$ である．ここで θ は，図 1.5 にあるように，F と s とが**なす角**である．(「なす角」というときには内角を指し，したがって $0 \leq \theta \leq \pi$ であるものとする．) $Fs\cos\theta$ を，2 つのベクトル F と s とをかけ合わせて得られる量であるとみなすことにする．このベクトルの積を内積と呼び，

$$W = \boldsymbol{F} \cdot \boldsymbol{s} \tag{1.1}$$

と書く．F と s との間のドットを決して書き忘れないように．

一般に，ベクトル A とベクトル B の内積 $A \cdot B$ は，2 つのベクトルの大

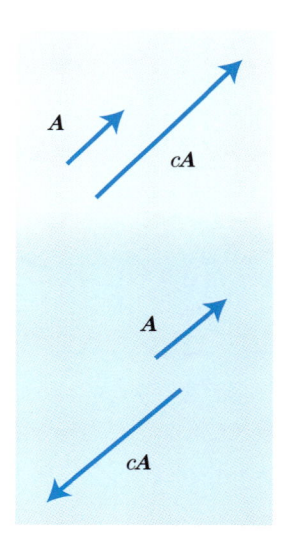

図 1.4　ベクトルのスカラー倍．上が $c > 0$ の場合，下が $c < 0$ の場合．

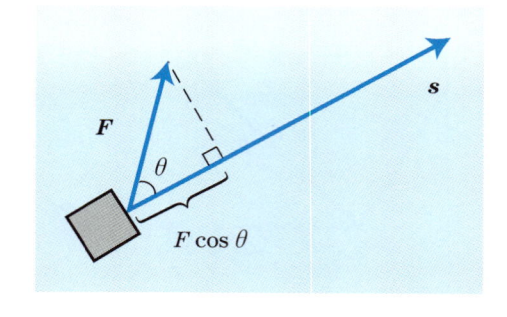

図 1.5　物体にする仕事 $W = \boldsymbol{F} \cdot \boldsymbol{s}$

きさ A と B と，2つのベクトルのなす角 θ のコサイン $\cos\theta$ の3つをかけたものである．$\cos\theta$ は，$\theta = 0$ のときに最大値1をとり，$\theta = \pi/2$（直角）のときにはゼロである．物体に最も効率良く仕事をするには力の向きと変位の向きとを一致させればよい．反対に，2つの向きが直角をなす場合は，いくら移動させても力学的には仕事をしたことにはならない．(1.1) 式は，このようなことをすべて表している．ベクトルの内積は，この仕事の例が示すようにスカラーである．

内積の定義より，2つのベクトルの内積がゼロのときには，その2つのベクトルの方向は互いに垂直であることになる．このようなとき，「2つのベクトルは**直交**している」という．

次に，ベクトルの外積について述べよう．図 1.6 のように，O を原点として位置ベクトル $\boldsymbol{r}$ にある物体に，$\boldsymbol{r}$ に垂直に力 $\boldsymbol{F}$ が働いたとする．すると物体には原点のまわりに**力のモーメント**（**トルク**）が働き，運動の方向が変わる．力のモーメントの大きさは距離 r と力の大きさ F の積である．

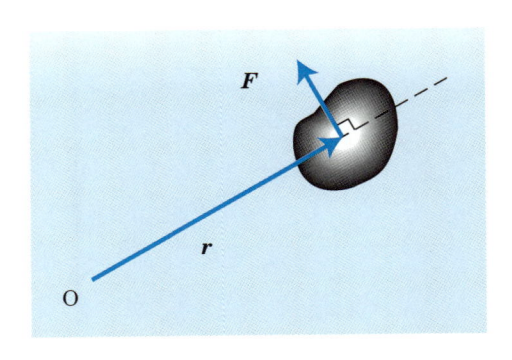

図 1.7 のように $\boldsymbol{r}$ と $\boldsymbol{F}$ とのなす角が一般に θ である場合には，物体に働く力のモーメントの大きさはどうなるであろうか．$\theta = 0$ のときには力のモーメントはゼロであり，$\theta = \pi/2$ のときには力のモーメントの大きさは rF である．なす角が $0 < \theta < \pi/2$ あるいは $\pi/2 < \theta < \pi$ のときには，大きさは rF よりも小さい．$\theta = \pi$ では，力のモーメントは再びゼロとなる．力 $\boldsymbol{F}$ の $\boldsymbol{r}$ に垂直な成分は $F\sin\theta$ であり，一般に力のモーメントの大きさは $rF\sin\theta$ で与えられる．

図 1.6　力のモーメント（$\boldsymbol{r}$ と $\boldsymbol{F}$ が垂直な場合）

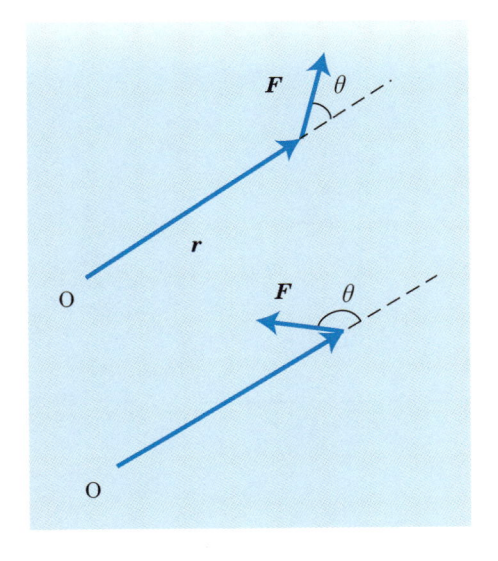

図 1.7　力のモーメント（一般の場合）

さて，いま 2 つのベクトル $\boldsymbol{A}$ と $\boldsymbol{B}$ とが図 1.8 のように角度 θ をなしているものとする．この図のように，2 つのベクトルが作る平面を描き，この平面に垂直な軸を考える．この軸は $\boldsymbol{A}$ と垂直であり，同時に $\boldsymbol{B}$ とも垂直である．この軸に平行に**右ねじ**を置いて，$\boldsymbol{A}$ の方向から $\boldsymbol{B}$ の方向へ右ねじを回したときに右ねじが進む向きを，この軸の正の向き (図 1.8 の上向き) と定義する．このとき，ベクトル $\boldsymbol{A}$ とベクトル $\boldsymbol{B}$ の外積は，この軸の正の向きで，大きさが $AB\sin\theta$ であるベクトルとして定義され，

$$\boldsymbol{A} \times \boldsymbol{B}$$

と表される．クロス × を書き忘れないように注意しよう．

それでは $\boldsymbol{A}$ と $\boldsymbol{B}$ が図 1.9 のような向きを向いている場合はどうすればよいか．$\boldsymbol{A}$ と $\boldsymbol{B}$ のなす角は，同じく θ であるものとする．この場合には，軸に平行にねじを置いて $\boldsymbol{A}$ の方向から $\boldsymbol{B}$ の方向へ右ねじを回したとき，右ねじが進む向きは図の下向きになる．したがってこの場合には，外積 $\boldsymbol{A} \times \boldsymbol{B}$ の向きを軸に沿って図の下向きと定義するのである．

ここで述べたベクトルの外積の定義より，かけ合わせるベクトルの順番を入れ替えると，得られるベクトルの向きが逆向きになることがわかる．すなわち

$$\boldsymbol{B} \times \boldsymbol{A} = -\boldsymbol{A} \times \boldsymbol{B} \tag{1.2}$$

である (章末問題 1.5)．

このようにして定義されたベクトルの外積を用いると，粒子に働く力の原

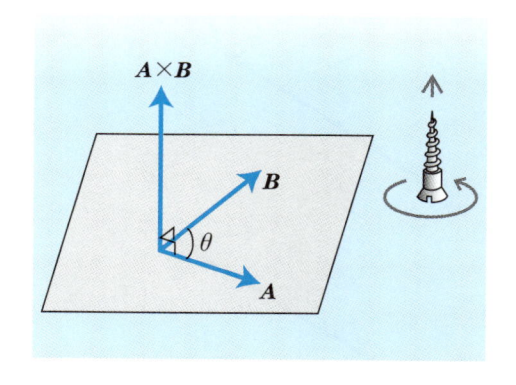

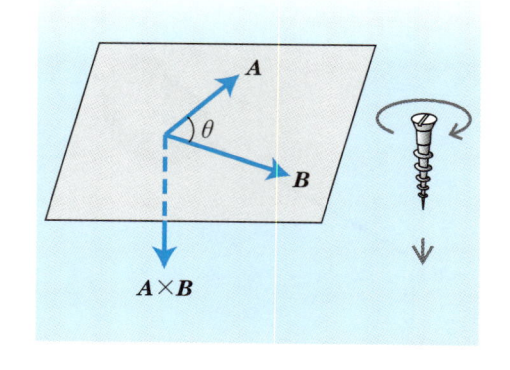

図 1.8　ベクトルの外積 (その 1)　　　　図 1.9　ベクトルの外積 (その 2)

点 O のまわりの力のモーメントは

$$N = r \times F \tag{1.3}$$

と表される．ここで，r は原点 O から測った粒子の位置ベクトルであり，F は粒子に働く力である．このように，力のモーメントはベクトルとして定義されるのである．同様にして粒子の**角運動量**は，粒子の位置ベクトル r と運動量 p を用いて，

$$L = r \times p \tag{1.4}$$

と表される．角運動量も，位置ベクトルや運動量と同様にベクトルである．

　同じベクトルでも，F や p のようにその向きが作用の向きそのものを表すものと，N や L のように作用が働く軸の向きを表すものとがあることに注意しよう．前者のようなベクトルを**極性ベクトル**，後者のようなベクトルを**軸性ベクトル**という．

　ここでベクトルの内積と外積を組み合わせた例題を 1 つ解いてみよう．

例題 1.1 図 1.10 のような立体図形を A, B, C を隣り合う 3 辺とする**平行六面体**と呼ぶ．$(A \times B) \cdot C$ は，この立体図形の体積に等しいことを証明しなさい．

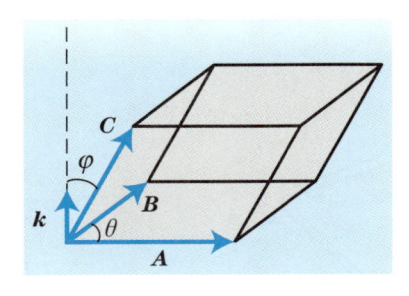

図 1.10　平行六面体

例題 1.1 の解答　平行六面体の体積は底面の面積に高さをかけたものである．A と B のなす角を θ とすると，底面の面積は $AB\sin\theta = |A \times B|$ である．図 1.10 のように，鉛直上向きで大きさが 1 のベクトル k を考えることにする．外積の定義より $A \times B = |A \times B|k$ である．他方，ベクトル k と C とのなす角を φ とすると，高さは $k \cdot C = C\cos\varphi$ で与えられる．以上より $(A \times B) \cdot C = AB\sin\theta\, C\cos\varphi$ となる．これはこの平行六面体の体積に他ならない．

高校の物理で習った物理法則の中には、ベクトルの外積を用いるとずっと簡単に表せるものがいくつかある。次の例題はその典型例を示す。

> **例題 1.2** 図 1.11 のように、2 本のレール、アルミパイプ、磁石をおいて電流を流すと、パイプはレール上を動く。これは、電流 I が流れるパイプが磁場 (磁界ともいう) から力を受けているからである。磁場の大きさを H、アルミパイプの長さを l、電流を I とすると、アルミパイプに働く力の大きさ F は $F = \mu I H l$ で与えられる。ここで、μ はアルミニウムの透磁率である。力の働く向きは、電流の流れる向きと磁場の向きの両方に垂直であり、高校の物理の教科書では、図 1.12 のように左手を使って、3 つの向きの関係を記憶するように書かれていた (**フレミング左手の法則**)。アルミパイプに働く力の大きさと向きを、1 つのベクトルの式で表してみなさい。

フレミング左手の法則以外にも、高校の物理の教科書の中で、直線電流が作る磁場についての「**右ねじの法則**」や荷電粒子が磁場から受けるローレンツ力などを説明している箇所を、今もう一度読んでみることを勧める。ベクトルの外積を用いると、それらの説明はどのように簡略化できるか考えてみよう。

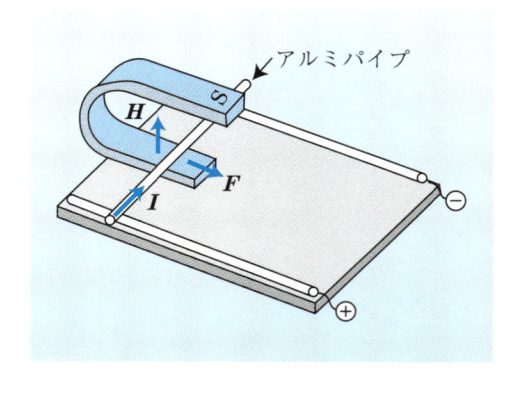

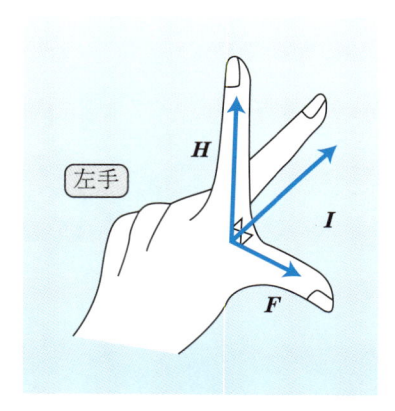

図 1.11　直線電流が磁場から受ける力　　図 1.12　フレミング左手の法則

> **例題 1.2 の解答**　大きさが I で電流の流れる向きを持ったベクトルを $\boldsymbol{I}$、大きさが H で磁場の向きを持ったベクトルを $\boldsymbol{H}$ と書くことにする。すると、アルミパイプに働く力は $\boldsymbol{F} = \mu l \boldsymbol{I} \times \boldsymbol{H}$ で表される。

1.3 ベクトルの座標表示

　ベクトルを数値的に表現する座標表示について述べる．座標表示を用いると，ベクトルの内積や外積の計算を簡単に行うことができるようになる．座標表示にはいくつも違った仕方がある．ここでは物体の運動を記述するのに便利なものをいくつか紹介する．

1.3.1　2 次 元

　まず 2 次元空間でのベクトル $\boldsymbol{A}$ を考えよう．図 1.13 のように，横軸を x 座標，縦軸を y 座標とする．このような座標系を**正方直交座標**，あるいは**デカルト座標**と呼ぶ[*3]．そこに大きさと方向を持つベクトル $\boldsymbol{A}$ を書き入れる．ベクトルの始点は自由に選べるから，それを座標の原点に持ってくる．すると終点は一意的に決まる．終点の座標を (A_x, A_y) とする．こうして，ベクトル $\boldsymbol{A}$ は座標で表されることになる：

$$\boldsymbol{A} = (A_x, A_y).$$

　[*3]デカルト (1596-1650) は「我思うゆえに我在り」(方法序説) の言葉で有名なフランスの哲学者であるが,「方法序説」は著書「光学」,「気象学」,「幾何学」の序文である．この「幾何学」で，彼は代数学を初めて幾何学に応用した．そのためには座標表示が必要だったのである．

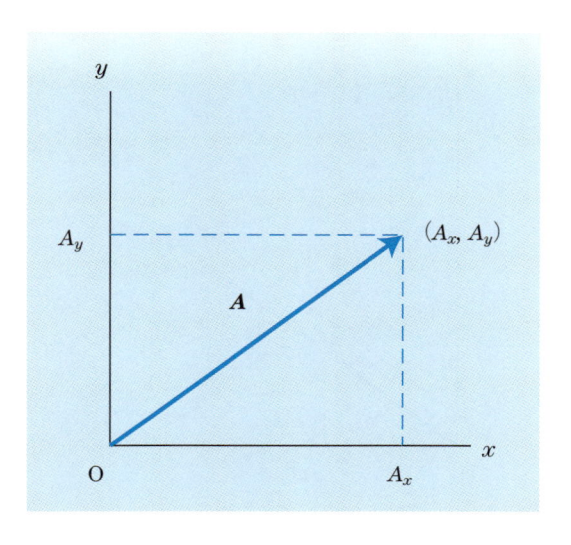

図 1.13　2 次元デカルト座標

逆に，座標表示 (A_x, A_y) が与えられると，大きさは $\sqrt{A_x^2 + A_y^2}$ であり，x 軸となす角度 θ が $\tan\theta = A_y/A_x$ を満たす向き[*4]．というように，ベクトルが一意的に定められる．

座標系のとり方はデカルト座標系だけではない．直線的な運動をしている粒子の運動を記述するにはデカルト座標が便利であるが，原点の周りで回転運動をしている場合にはデカルト座標は必ずしも適当な座標系とはいえない．そのような場合には，原点からの距離 A と方位角度 θ (x 軸の正の向きとなす角度) とで指定する方が便利である．つまり図 1.14 のように座標を $\boldsymbol{A} = (A, \theta)$ というように表現するのである．このような座標系を**極座標** (あるいは **2 次元球座標**) と呼ぶ．例えば，原点から R だけ離れた粒子の円運動の座標は，極座標では「$A = R$ で一定で，方位角度 θ のみが時間と共に変化する」ということができる．もちろんデカルト座標と極座標の間には 1 対 1 の関係

$$\begin{cases} A_x = A\cos\theta \\ A_y = A\sin\theta \end{cases} \iff \begin{cases} A = \sqrt{A_x^2 + A_y^2} \\ \theta = \arctan(A_y/A_x) \end{cases}$$

があるから，原理的にはどちらの座標系を選んでもよいはずである．しかし，問題に合わせて便利な座標系を選ぶと，見通しが良くなり容易に解答できるので，座標系の取り方は工夫した方が得策である．

[*4] この角度は $\theta = \arctan(A_y/A_x)$ と表される $x = \arctan y$ は，$y = \tan x$ の逆関数である．arctan は**アークタンジェント**と読む．これを $\tan^{-1}$ と書くこともある．

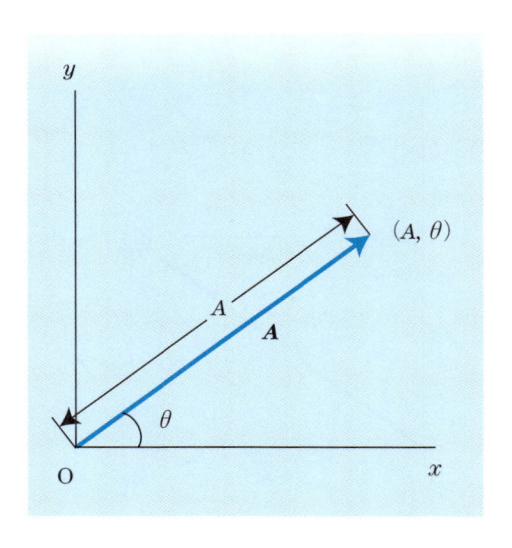

図 1.14　2 次元極座標

1.3 ベクトルの座標表示

2次元のベクトル表示ではもう1つ便利な表記法がある．それはベクトル $\boldsymbol{A}$ を

$$A_x + iA_y$$

で表す方法である．ここで i は**虚数単位** ($i = \sqrt{-1}$) である．つまり2次元のベクトルを，実部が x 座標であり，虚部が y 座標であるような1つの複素数で表すのである (図 1.15 を参照)．

この**複素数表示**とベクトルの極座標表示 $\boldsymbol{A} = (A, \theta)$ との間には

$$A_x + iA_y = A(\cos\theta + i\sin\theta) = Ae^{i\theta}$$

という関係式が成り立つ．ただし $\theta = \arctan(A_y/A_x)$ である．最後の式を導く際に，**オイラーの公式**と呼ばれる次の恒等式

$$e^{i\theta} = \cos\theta + i\sin\theta \tag{1.5}$$

を用いた．ここで e は**ネイピア数**と呼ばれる無理数であり

$$e = \lim_{n\to\infty}\left(1 + \frac{1}{n}\right)^n = 2.71828182845\cdots \tag{1.6}$$

で定義される[*5]．

[*5] オイラー (1707-1783) はスイス生まれの大数学者．名前は Euler と綴るが，指数関数の e はその頭文字である．オイラーの研究は数学の全分野にわたるが，ニュートン力学の数理的発展など物理学にも大きな貢献をした．また天体力学の基礎も拓いた．

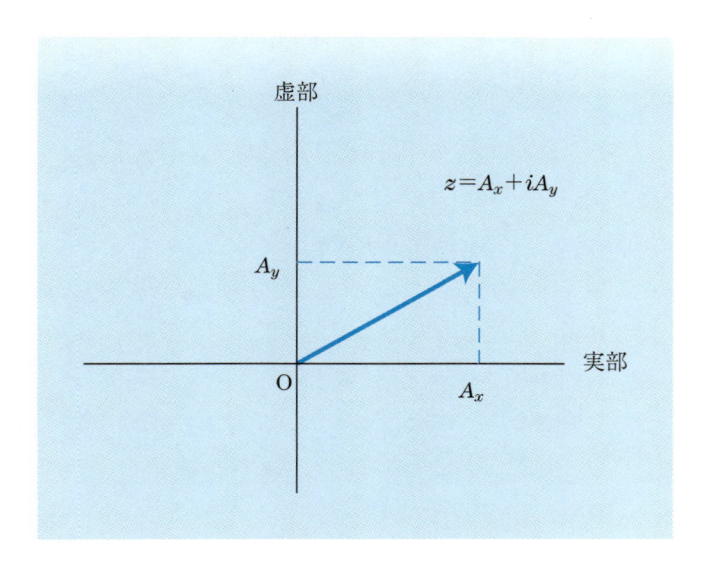

図 1.15　2次元ベクトル $\boldsymbol{A}$ を表す複素数 z

オイラーの公式の証明は，2.4 節テイラー展開の例題 2.5 の解答で与えることにする．ここでは，オイラーの公式が成り立つことを，とりあえず認めてしまうことにしよう．

例題 1.3 オイラーの公式 (1.5) を用いて次の問に答えなさい．

(1) 次の等式が成り立つことを示しなさい．

$$\cos(\theta+\varphi) + i\sin(\theta+\varphi)$$
$$= (\cos\theta + i\sin\theta)(\cos\varphi + i\sin\varphi). \tag{1.7}$$

(2) 等式 (1.7) より，三角関数の加法定理

$$\cos(\theta+\varphi) = \cos\theta\cos\varphi - \sin\theta\sin\varphi \tag{1.8}$$
$$\sin(\theta+\varphi) = \sin\theta\cos\varphi + \cos\theta\sin\varphi \tag{1.9}$$

が導かれることを示しなさい．

高校では三角関数の加法定理 (1.8), (1.9) を暗記したかも知れないが，大学では，こんな煩雑な公式はすっかり忘れてしまって結構である．その代わりにこれからは，ずっとスマートなオイラーの公式 (1.5) を覚えておくことにしよう．

例題 1.3 の解答 (1) 指数関数では一般に $e^{x+y} = e^x e^y$ が成り立つので，

$$e^{i(\theta+\varphi)} = e^{i\theta} e^{i\varphi}$$

である．この両辺にオイラーの公式 (1.5) を用いると (1.7) を得る．

(2) (1.7) の右辺を展開すると

$$(右辺) = \cos\theta\cos\varphi + i\sin\theta\cos\varphi + i\cos\theta\sin\varphi + i^2\sin\theta\cos\varphi$$
$$= (\cos\theta\cos\varphi - \sin\theta\sin\varphi) + i(\sin\theta\cos\varphi + \cos\theta\sin\varphi)$$

となる．ただし，$i^2 = -1$ を用いた．一般に，2 つの複素数 $x + iy$ と $x' + iy'$ (x, y, x', y' は実数) が等しいということは，$x = x'$ かつ $y = y'$ ということである．今の場合，(1.7) の両辺の実部と虚部をそれぞれ等しくおくと，(1.8), (1.9) がそれぞれ得られる．

1.3.2 3 次 元

3次元空間でのベクトルの座標表示も2次元と同様に考えることができる．デカルト座標を用いると，3次元ベクトル $\boldsymbol{A}$ は

$$(A_x, A_y, A_z)$$

で表されることになる．

問題によりもっと便利な座標系がある．その1つは (3次元) 極座標である．図 1.16 のように，ベクトル $\boldsymbol{A}$ の大きさを A，$\boldsymbol{A}$ と z 軸の正の向きとのなす角を θ とする．また，ベクトル $\boldsymbol{A}$ を xy 平面に射影して得られるベクトルと x 軸の正の向きとがなす角を φ とする．そして極座標では，ベクトル $\boldsymbol{A}$ を (A, θ, φ) と表すのである．デカルト座標での表示 $\boldsymbol{A} = (A_x, A_y, A_z)$ との関係は

$$A_x = A\sin\theta\cos\varphi, \quad A_y = A\sin\theta\sin\varphi, \quad A_z = A\cos\theta$$

である．ベクトル $\boldsymbol{A}$ を xy 平面に射影したベクトルの長さが $A\sin\theta$ であることに注意すれば，この関係式は容易に理解できるであろう．

もう1つ，よく用いられる座標系は，図 1.17 に示したような**円柱座標** (あるいは**円筒座標**という) である．系が z 軸の周りに回転対称であるようなときに便利である．座標は $(A_\perp, \varphi, A_\parallel)$ で表され，デカルト座標との関係は

$$A_x = A_\perp \cos\varphi, \quad A_y = A_\perp \sin\varphi, \quad A_z = A_\parallel$$

である．

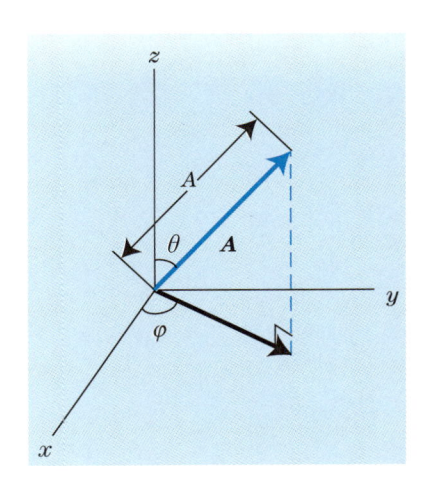

図 1.16　3次元極座標

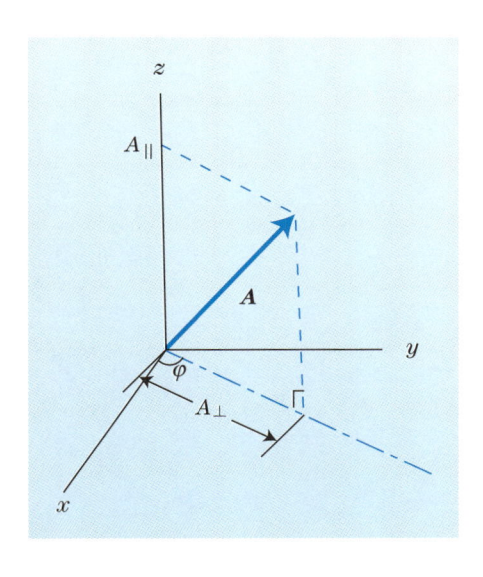

図 1.17　3次元円柱座標

1.3.3 単位ベクトル

大きさが 1 のベクトルを一般に**単位ベクトル**という．x 軸の正方向を向いている単位ベクトルを

$$\boldsymbol{i} \quad \text{または} \quad \hat{x} \quad \text{または} \quad \boldsymbol{e}_1 \tag{1.10}$$

のように書き，「x 方向の単位ベクトル」と呼ぶ．($\hat{x}$ は「エックス ハット」と読む．) デカルト座標で書けば，$(1, 0, 0)$ である．同じく，図 1.18 のように，y 方向，z 方向の単位ベクトルを

$$\boldsymbol{j} \quad \text{または} \quad \hat{y} \quad \text{または} \quad \boldsymbol{e}_2$$
$$\boldsymbol{k} \quad \text{または} \quad \hat{z} \quad \text{または} \quad \boldsymbol{e}_3 \tag{1.11}$$

で表す．デカルト座標では $\boldsymbol{j} = (0, 1, 0)$, $\boldsymbol{k} = (0, 0, 1)$ である．

内積の定義より

$$\boldsymbol{i} \cdot \boldsymbol{i} = 1, \quad \boldsymbol{i} \cdot \boldsymbol{j} = 0, \quad \boldsymbol{i} \cdot \boldsymbol{k} = 0 \tag{1.12}$$

であることがすぐにわかる．同様に

$$\boldsymbol{j} \cdot \boldsymbol{j} = 1, \quad \boldsymbol{j} \cdot \boldsymbol{i} = 0, \quad \boldsymbol{j} \cdot \boldsymbol{k} = 0, \tag{1.13}$$

$$\boldsymbol{k} \cdot \boldsymbol{k} = 1, \quad \boldsymbol{k} \cdot \boldsymbol{i} = 0, \quad \boldsymbol{k} \cdot \boldsymbol{j} = 0 \tag{1.14}$$

である．

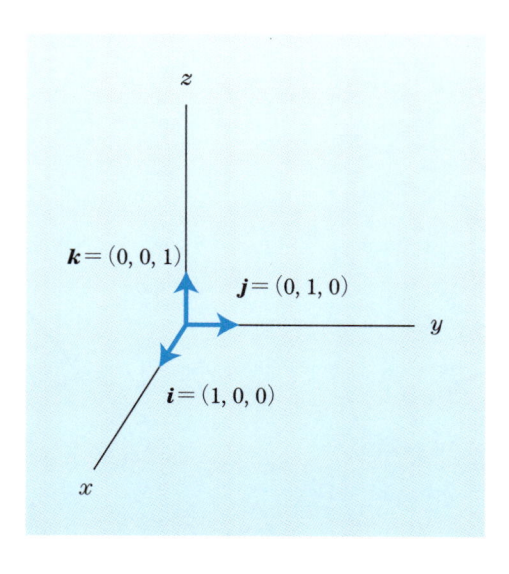

図 1.18 単位ベクトル

1.3 ベクトルの座標表示

デカルト座標で (A_x, A_y, A_z) と表されるベクトル $\boldsymbol{A}$ は，$\boldsymbol{i}, \boldsymbol{j}, \boldsymbol{k}$ を用いて

$$\boldsymbol{A} = A_x \boldsymbol{i} + A_y \boldsymbol{j} + A_z \boldsymbol{k} \tag{1.15}$$

と書ける．式 (1.15) と $\boldsymbol{i}$ との内積をとれば，

$$\boldsymbol{A} \cdot \boldsymbol{i} = A_x$$

となる．なぜなら (1.12) が成り立つからである．同様にして，(1.13), (1.14) を用いると，

$$A_y = \boldsymbol{A} \cdot \boldsymbol{j}, \quad A_z = \boldsymbol{A} \cdot \boldsymbol{k}$$

が得られる．A_x, A_y, A_z をそれぞれ，ベクトル $\boldsymbol{A}$ の x 成分，y 成分，z 成分と呼ぶ．上で見たように，それらはベクトル $\boldsymbol{A}$ を，それぞれ x, y, z 軸に射影したときのベクトルの長さである．（ただし，射影したとき軸の負の向きになったときには，その成分は負であり，絶対値がベクトルの長さである．）

ベクトル $\boldsymbol{A}$ と $\boldsymbol{B}$ がそれぞれデカルト座標で，$\boldsymbol{A} = (A_x, A_y, A_z)$, $\boldsymbol{B} = (B_x, B_y, B_z)$ と表されているとき，この2つのベクトルの和は

$$\boldsymbol{A} + \boldsymbol{B} = (A_x + B_x, A_y + B_y, A_z + B_z)$$

となる．

「d 次元には d 個の単位ベクトルを！」(1.15) のように，単位ベクトル $\boldsymbol{i}, \boldsymbol{j}, \boldsymbol{k}$ を使って，考えている3次元空間の中の全てのベクトルを一意的に表すことができるとき，「$\boldsymbol{i}, \boldsymbol{j}, \boldsymbol{k}$ は完全系をなす」という．3次元ベクトルに対して**完全系**をなすには，必ずしもここで与えた $\boldsymbol{i}, \boldsymbol{j}, \boldsymbol{k}$ を用いる必要はないが，3次元なので単位ベクトルもちょうど3つ必要である．例えば，$\boldsymbol{i}$ と $\boldsymbol{j}$ だけでは任意の3次元ベクトルは表現できない．また逆に，例えば $\boldsymbol{i}, \boldsymbol{j}, \boldsymbol{k}, (\boldsymbol{i}+\boldsymbol{j})/\sqrt{2}$ というようにわざと4つの単位ベクトルを用意しておくと，今度は多すぎるので，ベクトルの表し方が一意的ではなくなってしまう．一般に d 次元の完全系をなすには，d 個の単位ベクトルが必要である．

1.3.4 内積と外積の成分表示

2つのベクトル $\boldsymbol{A}$ と $\boldsymbol{B}$ の内積はどのように表されるであろうか．下のコラムのような計算をすると，

$$\boldsymbol{A} \cdot \boldsymbol{B} = A_x B_x + A_y B_y + A_z B_z \tag{1.16}$$

であることが導かれる．ここで，コラム内の内積の計算の，最後の等式のところで (1.12), (1.13), (1.14) を用いたことに注意しなさい．

3 次元ベクトル $\boldsymbol{A}$ のデカルト座標を，(A_x, A_y, A_z) と書く代わりに，(A_1, A_2, A_3) と書くこともある．(このときには，A_1, A_2, A_3 をそれぞれ $\boldsymbol{A}$ の第 1 成分，第 2 成分，第 3 成分と呼ぶ．ちなみに，A_x や A_2 の x や 2 のことを**添え字**という．) こうしておくと，ベクトルの内積 (1.16) を簡単に

$$\boldsymbol{A} \cdot \boldsymbol{B} = \sum_{i=1}^{3} A_i B_i \tag{1.17}$$

と書くことができる．

それではベクトルの外積はベクトルの成分を用いてどのように表されるのであろうか．まず，外積の定義と単位ベクトル $\boldsymbol{i}, \boldsymbol{j}, \boldsymbol{k}$ の定義から

$$\boldsymbol{i} \times \boldsymbol{i} = \boldsymbol{j} \times \boldsymbol{j} = \boldsymbol{k} \times \boldsymbol{k} = 0,$$
$$\boldsymbol{i} \times \boldsymbol{j} = -\boldsymbol{j} \times \boldsymbol{i} = \boldsymbol{k},$$
$$\boldsymbol{j} \times \boldsymbol{k} = -\boldsymbol{k} \times \boldsymbol{j} = \boldsymbol{i},$$
$$\boldsymbol{k} \times \boldsymbol{i} = -\boldsymbol{i} \times \boldsymbol{k} = \boldsymbol{j} \tag{1.18}$$

「内積と外積の計算」

$$\begin{aligned}
\boldsymbol{A} \cdot \boldsymbol{B} &= (A_x \boldsymbol{i} + A_y \boldsymbol{j} + A_z \boldsymbol{k}) \cdot (B_x \boldsymbol{i} + B_y \boldsymbol{j} + B_z \boldsymbol{k}) \\
&= A_x B_x \boldsymbol{i} \cdot \boldsymbol{i} + A_x B_y \boldsymbol{i} \cdot \boldsymbol{j} + A_x B_z \boldsymbol{i} \cdot \boldsymbol{k} \\
&\quad + A_y B_x \boldsymbol{j} \cdot \boldsymbol{i} + A_y B_y \boldsymbol{j} \cdot \boldsymbol{j} + A_y B_z \boldsymbol{j} \cdot \boldsymbol{k} \\
&\quad + A_z B_x \boldsymbol{k} \cdot \boldsymbol{i} + A_z B_y \boldsymbol{k} \cdot \boldsymbol{j} + A_z B_z \boldsymbol{k} \cdot \boldsymbol{k} \\
&= A_x B_x + A_y B_y + A_z B_z. \\
\boldsymbol{A} \times \boldsymbol{B} &= (A_1 \boldsymbol{i} + A_2 \boldsymbol{j} + A_3 \boldsymbol{k}) \times (B_1 \boldsymbol{i} + B_2 \boldsymbol{j} + B_3 \boldsymbol{k}) \\
&= A_1 B_1 \boldsymbol{i} \times \boldsymbol{i} + A_1 B_2 \boldsymbol{i} \times \boldsymbol{j} + A_1 B_3 \boldsymbol{i} \times \boldsymbol{k} \\
&\quad + A_2 B_1 \boldsymbol{j} \times \boldsymbol{i} + A_2 B_2 \boldsymbol{j} \times \boldsymbol{j} + A_2 B_3 \boldsymbol{j} \times \boldsymbol{k} \\
&\quad + A_3 B_1 \boldsymbol{k} \times \boldsymbol{i} + A_3 B_2 \boldsymbol{k} \times \boldsymbol{j} + A_3 B_3 \boldsymbol{k} \times \boldsymbol{k} \\
&= (A_2 B_3 - A_3 B_2) \boldsymbol{i} + (A_3 B_1 - A_1 B_3) \boldsymbol{j} + (A_1 B_2 - A_2 B_1) \boldsymbol{k}.
\end{aligned}$$

1.3 ベクトルの座標表示

であることがわかる．したがって左下のコラム内に示したような計算をすると，

$$\boldsymbol{A} \times \boldsymbol{B} = (A_2B_3 - A_3B_2)\boldsymbol{i} + (A_3B_1 - A_1B_3)\boldsymbol{j} + (A_1B_2 - A_2B_1)\boldsymbol{k} \tag{1.19}$$

という結果が得られる．コラム内の外積の計算の，最後の等式で (1.18) を用いている．

この結果は

$$\begin{bmatrix} A_1 \\ A_2 \\ A_3 \end{bmatrix} \times \begin{bmatrix} B_1 \\ B_2 \\ B_3 \end{bmatrix} = \begin{bmatrix} A_2B_3 - A_3B_2 \\ A_3B_1 - A_1B_3 \\ A_1B_2 - A_2B_1 \end{bmatrix} \tag{1.20}$$

とも表せる．外積の各成分は一見複雑なように見えるが，図 1.19 のような「たすきがけ」のルールを知っていると簡単に覚えられる．(1.20) の右辺の 1 行目は $\begin{bmatrix} A_2 \\ A_3 \end{bmatrix}$ と $\begin{bmatrix} B_2 \\ B_3 \end{bmatrix}$ をたすきがけにして，A_2B_3 は正，A_3B_2 は負として，それらの和をとる．この操作をここでは「たすきがけ和をとる」ということにしよう．2 行目は，まず A_1 と B_1 をそれぞれ A_3 と B_3 の下に持ってきて，今度は $\begin{bmatrix} A_3 \\ A_1 \end{bmatrix}$ と $\begin{bmatrix} B_3 \\ B_1 \end{bmatrix}$ のたすきがけ和をとる．3 行目は，A_2, B_2 をさっき持っていった A_1, B_1 のさらに下に持ってきて，$\begin{bmatrix} A_1 \\ A_2 \end{bmatrix}$ と $\begin{bmatrix} B_1 \\ B_2 \end{bmatrix}$ のたすきがけ和をとる．

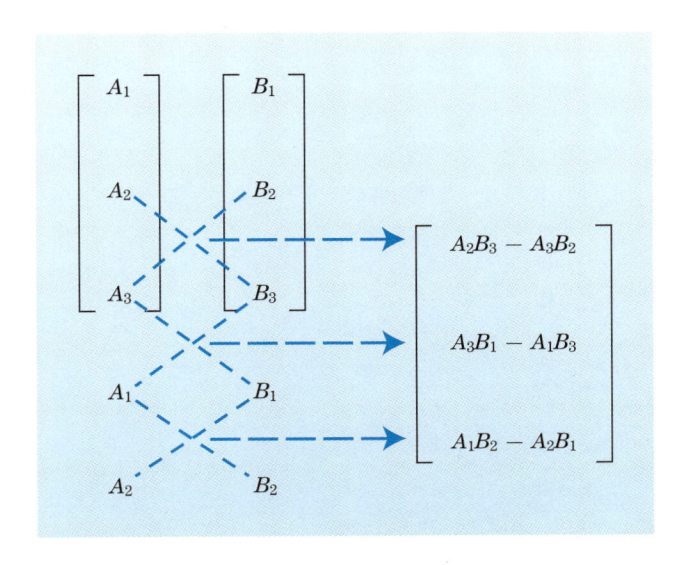

図 1.19　外積の成分表示の覚え方

ここで再び，ベクトルの外積を用いた物理の問題を解いてみよう．

例題 1.4 (1) 質量 m の粒子を考える．位置ベクトルを $\boldsymbol{r}=(x,y,z)$，速度を $\boldsymbol{v}=(v_x,v_y,v_z)$，また角運動量を $\boldsymbol{L}=(L_x,L_y,L_z)$ とする．L_x,L_y,L_z をそれぞれ，x,y,z,v_x,v_y,v_z を用いて表しなさい．
(2) 粒子に働く力を $\boldsymbol{F}=(F_x,F_y,F_z)$ として，原点のまわりの力のモーメント $\boldsymbol{N}$ を (1.3) で定義する．ニュートンの運動方程式より，回転運動の方程式

$$\frac{d}{dt}\boldsymbol{L}=\boldsymbol{N} \tag{1.21}$$

を導きなさい．

3×3 の行列の**行列式**の計算法を知っている人には，(1.19) が次のようにコンパクトに表現できることが理解できるであろう．

$$\boldsymbol{A}\times\boldsymbol{B}=\begin{vmatrix} A_1 & B_1 & \boldsymbol{i} \\ A_2 & B_2 & \boldsymbol{j} \\ A_3 & B_3 & \boldsymbol{k} \end{vmatrix}. \tag{1.22}$$

知らない人は本書の第 5 章で勉強しよう．

例題 1.4 の解答 (1) 角運動量 (1.4) は，外積の座標表示 (1.19) にしたがって

$$L_x=m(yv_z-zv_y),\ L_y=m(zv_x-xv_z),\ L_z=m(xv_y-yv_x).$$

(2) まず x 成分を考えることにする．位置 $\boldsymbol{r}=(x,y,z)$ の各成分を時間微分すると，速度 $\boldsymbol{v}=(v_x,v_y,v_z)$ になり，速度の各成分を時間微分すると加速度 $\boldsymbol{a}=(a_x,a_y,a_z)$ になるので (詳しくは次章を見なさい)，

$$\begin{aligned}\frac{d}{dt}L_x &= \frac{d}{dt}m(yv_z-zv_y) \\ &= m(v_yv_z-v_zv_y)+m(ya_z-za_y) \\ &= y(ma_z)-z(ma_y)\end{aligned}$$

である．y 成分，z 成分も同様に計算すると，まとめて

$$\frac{d}{dt}\boldsymbol{L}=\boldsymbol{r}\times m\boldsymbol{a}$$

と書けることに気がつく．ここで，ニュートンの運動方程式 $\boldsymbol{F}=m\boldsymbol{a}$ を代入して $\boldsymbol{N}$ の定義 (1.3) を使うと，(1.21) が得られる．

もっと洒落た表記法は,
$$(\boldsymbol{A} \times \boldsymbol{B})_i = \sum_{j=1}^{3}\sum_{k=1}^{3} \varepsilon_{ijk} A_j B_k \tag{1.23}$$
である．ここで，ε_{ijk} は 3 階の**反対称テンソル**と呼ばれ，

$$\varepsilon_{ijk} = \begin{cases} 1 & (i=1, j=2, k=3) \text{ とそれを巡回的に入れ換えて} \\ & \text{得られる } (i,j,k) \text{ に対して} \\ -1 & (i=2, j=1, k=3) \text{ とそれを巡回的に入れ換えて} \\ & \text{得られる } (i,j,k) \text{ に対して} \\ 0 & \text{それ以外の } (i,j,k) \text{ に対して} \end{cases} \tag{1.24}$$

と定義される．すなわち，$\varepsilon_{123} = \varepsilon_{231} = \varepsilon_{312} = 1$ であり，$\varepsilon_{213} = \varepsilon_{132} = \varepsilon_{321} = -1$，それ以外はゼロである．

(1.23) が成り立つことは，次のようにして簡単に示すことができる．(1.23) で $i=1$ とおくと，左辺は $(\boldsymbol{A} \times \boldsymbol{B})_1$ であるが，これは (1.19) より $A_2 B_3 - A_3 B_2$ である．他方右辺は $\sum_{j=1}^{3}\sum_{k=1}^{3} \varepsilon_{1jk} A_j B_k$ であるが，ε_{ijk} の定義 (1.24) によりゼロでないのは $j=2, k=3$ か $j=3, k=2$ だけである．よって $\sum_{j=1}^{3}\sum_{k=1}^{3} \varepsilon_{1jk} A_j B_k = \varepsilon_{123} A_2 B_3 + \varepsilon_{132} A_3 B_2 = A_2 B_3 - A_3 B_2$ となる．つまり $i=1$ の場合は証明できたことになる．$i=2, 3$ に対しても同じように，(1.19) が成立していることが示せる．

「**アインシュタインの最大の発見？**」 相対性理論で有名なアインシュタインは，「同じ添え字が 2 度出てくるときは，その添え字について和をとることにする」という約束事をすることにして，和の記号 ($\sum_i$) を一切省略してしまうという便法を使っていた．この**アインシュタインの省略法**を使うと，ベクトルの内積 (1.17) と外積 (1.23) はそれぞれ

$$\boldsymbol{A} \cdot \boldsymbol{B} = A_i B_i, \quad (\boldsymbol{A} \times \boldsymbol{B})_i = \varepsilon_{ijk} A_j B_k$$

と書けることになる．添え字のことを足と呼ぶことがある．相対性理論，特に一般相対性理論では，g_{ij} や R_{ijkl} のようにたくさんの足を持つテンソルと呼ばれる量が出てくる．(スカラーは足無しの，そしてベクトルは 1 本の足を持つテンソルである．) そして例えば，重力による空間の歪みの程度を表すのに，3 つのテンソルの間で添え字の和 $\sum_i \sum_j \sum_k \sum_l g_{ik} g_{jl} R_{ijkl}$ をとることが必要になる．そのようなとき，4 つの和の記号を省略して $g_{ik} g_{jl} R_{ijkl}$ と書いてよければ，本やノートの記述がすっきりする．間違いが起こらない場合は，省略するのが便利である．この省略法がアインシュタインの最大の発見であるという人さえいる．

ベクトルの内積をとるとスカラーになってしまうが，外積をとってもベクトルのままなので，さらに続けて外積をとることができる．外積を 2 回かけたらどんなベクトルが得られるのであろうか．次の例題を考えてみよう．

例題 1.5 ベクトルの内積と外積に関して，一般に

$$\bm{A} \times (\bm{B} \times \bm{C}) = (\bm{A} \cdot \bm{C})\bm{B} - (\bm{A} \cdot \bm{B})\bm{C} \tag{1.25}$$

が成り立つことを証明しなさい．

この章の最後に，**クロネッカーのデルタ**と呼ばれる記号 δ_{ij} を

$$\delta_{ij} = \begin{cases} 1 & i = j \text{ のとき} \\ 0 & i \neq j \end{cases} \tag{1.26}$$

と定義しておくことにする．すると，j, k, m, n がそれぞれ 1, 2, 3 のいずれかであるとき，常に

$$\sum_{i=1}^{3} \varepsilon_{ijk} \varepsilon_{imn} = \delta_{jm} \delta_{kn} - \delta_{jn} \delta_{km} \tag{1.27}$$

という等式が成り立つことが導ける．この等式を用いると，例題 1.5 の (1.25) が簡単に導き出せる．等式 (1.27) の証明と応用は，章末問題として与えておいたのでトライしてみなさい．

例題 1.5 の解答 これはベクトルの等式なので，まずは両辺の第 1 成分 (x 成分) を考えて，両辺が等しいことを示すことにする．

$$\begin{aligned}
[\bm{A} \times (\bm{B} \times \bm{C})]_1 &= A_2 (\bm{B} \times \bm{C})_3 - A_3 (\bm{B} \times \bm{C})_2 \\
&= A_2 (B_1 C_2 - B_2 C_1) - A_3 (B_3 C_1 - B_1 C_3) \\
&= A_2 B_1 C_2 - A_2 B_2 C_1 - A_3 B_3 C_1 + A_3 B_1 C_3.
\end{aligned}$$

$$\begin{aligned}
&[(\bm{A} \cdot \bm{C})\bm{B} - (\bm{A} \cdot \bm{B})\bm{C}]_1 \\
&= (A_1 C_1 + A_2 C_2 + A_3 C_3) B_1 - (A_1 B_1 + A_2 B_2 + A_3 B_3) C_1 \\
&= A_1 B_1 C_1 + A_2 B_1 C_2 + A_3 B_1 C_3 - A_1 B_1 C_1 - A_2 B_2 C_1 - A_3 B_3 C_1 \\
&= A_2 B_1 C_2 + A_3 B_1 C_3 - A_2 B_2 C_1 - A_3 B_3 C_1.
\end{aligned}$$

この 2 つの式は等しい．同様にして，(1.25) の左辺と右辺の第 2 成分，第 3 成分もそれぞれ等しいことが示せる．

1.4 章末問題

1.1 質量 m の物体を図 1.20 のように，傾斜角 φ の斜面に沿って P から Q へ距離 s だけ移動させた．

(1) この移動によって，物体の重心の高さはどれだけ減少したか．減少分 h を s と φ を用いて表しなさい．

(2) この移動によって，物体の持つ重力のポテンシャル・エネルギーはどれだけ減少するであろうか．重力加速度を g として，減少分 W を m, g, s, φ を用いて表しなさい．

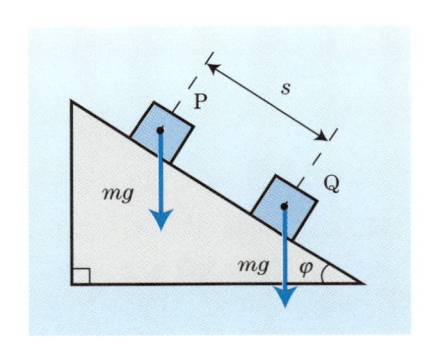

図 1.20 斜面上の物体の移動

1.2 章末問題 1.1 と同じ問題を，今度はベクトルの内積を用いて解いてみよう．図 1.21 のように，物体の重心の変位ベクトル (P から Q へのベクトル) を s とし，鉛直上向きで大きさが 1 であるベクトル (単位ベクトル) を k とする．

(1) 物体が受ける重力 F をベクトル k を用いて表しなさい．

(2) ベクトル k とベクトル s のなす角 θ を，斜面の傾斜角 φ で表しなさい．

(3) (1.1) 式に代入すると，上の章末問題 1.1 と同じ結果が得られることを確認しなさい．

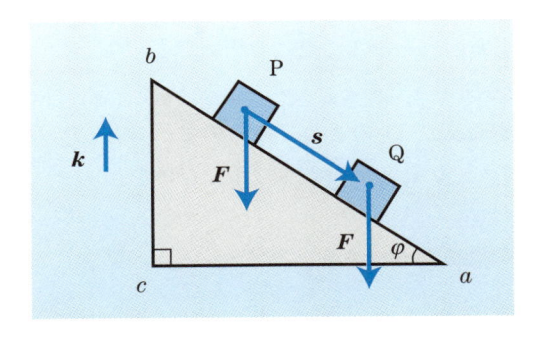

図 1.21 斜面上の物体の移動 (ベクトル表示)

1.3 質量 M と m の 2 つの重りが，それぞれ支点から距離 r_1 と r_2 の位置にぶら下がっている．図 1.22 のように，棒が傾いたままつりあっているものとする．角度 θ を図のように定める．**つりあいの条件式**を与えなさい．ただし，棒の質量は無視できるものとする．

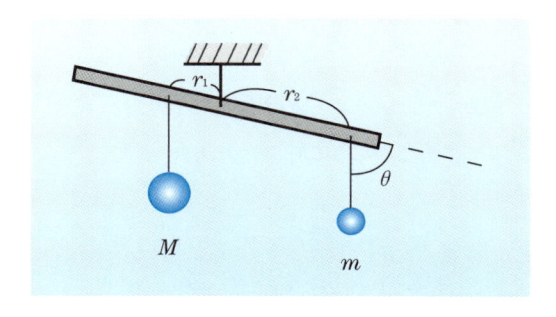

図 1.22 力のモーメントのつりあい

1.4 章末問題 1.3 と同じ問題を今度は図 1.23 のようにベクトルを使って考えてみよう．図にあるように，紙面に垂直に紙面の向こう側からこちら側に向かう単位ベクトル (大きさ 1) を i とする．そして，これに垂直な 2 つの単位ベクトル j, k (ともに大きさ 1) を図のように定める．

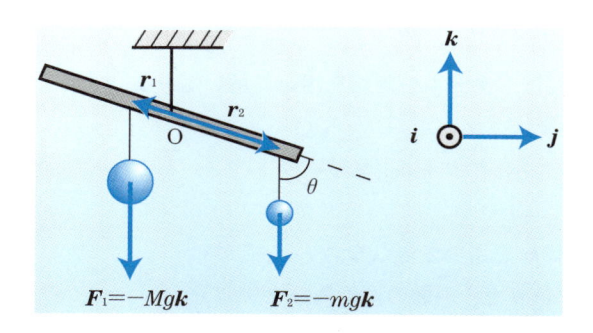

図 1.23 力のモーメントのつりあい (ベクトル表示)

(1) 質量 M の重りに働く重力の支点 O のまわりの力のモーメント $N_1 = r_1 \times F_1$ を r_1, M, g, θ と，ベクトル i, j, k のうちの 1 つだけを用いて表しなさい．ただし $r_1 = |r_1|$ であり，g は重力加速度である．

(2) 同様に，質量 m の重りに働く重力の支点 O のまわりの力のモーメント $N_2 = r_2 \times F_2$ を r_2, m, g, θ と，ベクトル i, j, k のうちの 1 つだけを用いて表しなさい．ただし $r_2 = |r_2|$ である．

(3) 2 つの力のモーメントのベクトルの合成が 0 である，つまり

$$N_1 + N_2 = 0$$

であるということから，章末問題 1.3 で答えたのと等しいつりあいの条件式

が導き出せることを示しなさい．

1.5 (1.2) が一般に成り立つことを説明しなさい．

1.6 電荷 q の粒子が，大きさ H の一様な磁場の中を速度 $\boldsymbol{v}$ で運動する．$\boldsymbol{H}$ を大きさが H で磁場の方向を持つベクトルとする．粒子に働くローレンツ力 $\boldsymbol{F}$ を表しなさい．ただし，透磁率を μ とする．

1.7 オイラーの公式 (1.5) を用いて次の等式を導きなさい．
$$\sin(A+B+C) = \sin A \cos B \cos C + \cos A \sin B \cos C \\ + \cos A \cos B \sin C - \sin A \sin B \sin C$$

1.8 $\cos(A+B+C)$ を $\sin A, \sin B, \sin C, \cos A, \cos B, \cos C$ を用いて表しなさい．

1.9 $\boldsymbol{A}=(1,2,5), \boldsymbol{B}=(4,3,2), \boldsymbol{C}=(-2,2,1)$ とする．
(1) 内積 $\boldsymbol{A}\cdot\boldsymbol{B}$ を求めなさい．
(2) 内積 $\boldsymbol{B}\cdot\boldsymbol{C}$ を求めなさい．

1.10 (1.19) 式の右辺で，$\boldsymbol{i}=\boldsymbol{e}_1, \boldsymbol{j}=\boldsymbol{e}_2, \boldsymbol{k}=\boldsymbol{e}_3$ と書き直す．すると，右辺の構造は次のようになっていることを確かめなさい．第1項 $(A_2B_3-A_3B_2)\boldsymbol{e}_1$ で，$1\to 2, 2\to 3, 3\to 1$ という巡回的な置き換えをすると，第2項 $(A_3B_1-A_1B_3)\boldsymbol{e}_2$ が得られる．同様に，第2項でこの置き換えをすると第3項が得られる．また，第3項でこの置き換えをすると第1項に戻る．

1.11 デカルト座標では，3つの単位ベクトルはそれぞれ $\boldsymbol{i}=(1,0,0), \boldsymbol{j}=(0,1,0), \boldsymbol{k}=(0,0,1)$ と表される．ベクトルの外積の成分表示 (1.19) を使って，次の問に答えなさい．
(1) $\boldsymbol{i}\times\boldsymbol{i}, \boldsymbol{i}\times\boldsymbol{j}, \boldsymbol{i}\times\boldsymbol{k}$ をそれぞれ座標表示しなさい．
(2) $\boldsymbol{j}\times\boldsymbol{i}, \boldsymbol{j}\times\boldsymbol{j}, \boldsymbol{j}\times\boldsymbol{k}$ をそれぞれ座標表示しなさい．
(3) $\boldsymbol{k}\times\boldsymbol{i}, \boldsymbol{k}\times\boldsymbol{j}, \boldsymbol{k}\times\boldsymbol{k}$ をそれぞれ座標表示しなさい．

1.12 $\boldsymbol{A}=(1,2,3), \boldsymbol{B}=(-2,3,-1)$ とする．
(1) $\boldsymbol{C}=\boldsymbol{A}\times\boldsymbol{B}$ を求めなさい．
(2) $\boldsymbol{C}$ と $\boldsymbol{A}$ は直交することを示しなさい．
(3) $\boldsymbol{C}$ と $\boldsymbol{B}$ も直交することを示しなさい．
(4) $\boldsymbol{D}=\boldsymbol{B}\times\boldsymbol{A}$ を求めなさい．そして，$\boldsymbol{D}=-\boldsymbol{C}$ であることを確かめなさい．

1.13 A を任意のベクトル，e をある単位ベクトルとする．
(1) $A = (e \cdot A)e - e \times (e \times A)$ と書けることを導きなさい．(ヒント：(1.25) を利用しなさい．)
(2) この等式は，「ベクトル A を e に（ ア ）な成分 (右辺第 1 項) と（ イ ）な成分 (右辺第 2 項) に分解する方法を示している」．（ ア ）と（ イ ）に当てはまる言葉を答えなさい．

1.14 質量 m で速度 v_1 をもった粒子 1 と，同じ質量 m で速度 v_2 をもった粒子 2 とが，図 1.24 のように衝突した．衝突後の粒子 1 の速度を v'_1，粒子 2 の速度を v'_2 とする．ただし，2 つの粒子はともに直径 a の剛体球とし，粒子 1 の中心から粒子 2 の中心へ向かう単位ベクトルは，衝突の瞬間に w_{12} であったとする．**完全弾性衝突**の場合には，次が成り立つことを説明しなさい．

$$v'_1 = v_1 - [(v_1 - v_2) \cdot w_{12}]w_{12}$$
$$v'_2 = v_2 + [(v_1 - v_2) \cdot w_{12}]w_{12}. \tag{1.28}$$

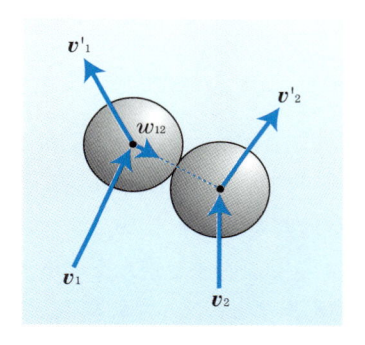

図 1.24 粒子の完全弾性衝突

1.15 (1.27) を証明しなさい．

1.16 等式 (1.27) を用いると，(1.25) が簡単に導き出せることを示しなさい．

1.17 等式 (1.27) を用いて

$$(A \times B) \cdot (C \times D) = (A \cdot C)(B \cdot D) - (A \cdot D)(B \cdot C)$$

であることを証明しなさい．

微分 2

　微分と積分は大学で物理学を修得するために欠かすことができない道具である．高校の数学ですでに学んできてはいるだろうが，まだまだ物理の道具として使いこなすまでにはなっていないのではないだろうか．物理でたやすく使えるようになるために，微分と積分を本書でもう一度勉強しよう．この章でまず微分について次の章で積分について，それぞれ詳しく解説する．

　物理ではどうして微分がよく出てくるのであろうか．それは物体の運動に興味があるからである．もし力のつりあいのような静的な状態にのみ興味があるのなら，微分は必要ではない．このことを力学の運動方程式を例にして実感してもらう．

　関数の振舞いをわかりやすく表現する方法の1つに，テイラー展開と呼ばれる級数展開法がある．その有用性を示すいくつかの応用例を示す．その1つとして，微分を差分で近似する数値微分の公式の導き方を勉強しよう．最後に偏微分と全微分の関係を説明する．

本章の内容

差分と微分
基礎的な微分の公式
運動方程式
テイラー展開
数値微分
偏微分と全微分
章末問題

2.1 差分と微分

車が走っている．車が出発した時刻を $t=0$ として，時刻 t までの走行距離を $x(t)$ とする．車は徐々に速度をあげ，やがて一定の速度になり，しばらくして信号で止まり，また動きだす．走行距離 $x(t)$ を $x = x(t)$ というグラフで表すと，図 2.1 のようになる．

車が常に一定の**速度**で走っている場合には，$x = x(t)$ のグラフは図 2.2 のような原点を通る直線であり，その勾配が速度になっている．それでは車の速度が，図 2.1 のように時々刻々変わる場合には，ある特定の時刻 t での速度をどのように計算すればよいのであろうか．それには例えば，時刻 t から 1 秒の間に走った距離 A m を求めて，

$$\frac{A \text{ m}}{1 \text{ s}} = A \text{ m/s}$$

と計算すればよいだろう．しかし高性能の車では 1 秒の間にかなり加速されるので，急発進するときにはこの計算の答えはあまり正しくない．そのような場合により正しい答えを得るには，考える時間間隔をもっと短く，例えば 0.1 秒として，t から 0.1 秒の間に走った距離 B m を求めて

$$\frac{B \text{ m}}{0.1 \text{ s}} = 10B \text{ m/s}$$

と計算する．

一般に時間間隔を Δt とすると，時刻 t での速度は

図 2.1 時刻 t での車の走行距離 $x(t)$

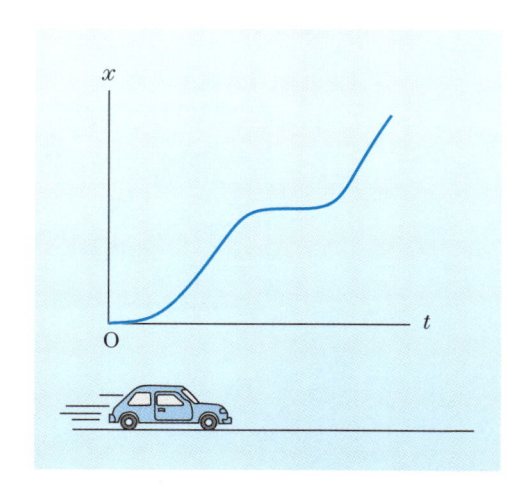

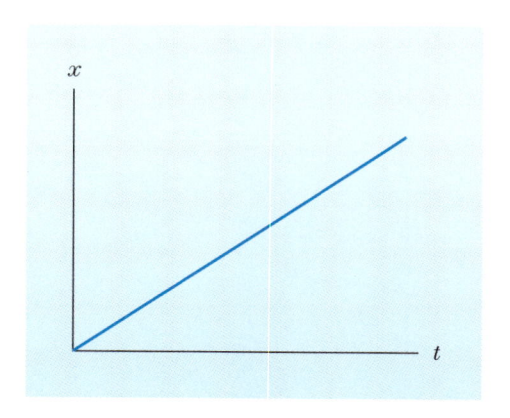

図 2.2 車が一定速度で走っている場合

2.1 差分と微分

$$v(t, \Delta t) = \frac{x(t+\Delta t) - x(t)}{\Delta t} \tag{2.1}$$

と表される．このように定義された速度は Δt の大きさにもよるから，t と Δt の関数として $v(t, \Delta t)$ と書いた．もし Δt をゼロに持っていった極限が存在すれば，そのときの値が，時刻 t での速度 $v(t)$ を最も正しく与えるであろう．この極限が $x(t)$ の時刻 t に対する微分である：

$$v(t) = \lim_{\Delta t \to 0} \frac{x(t+\Delta t) - x(t)}{\Delta t} = \frac{dx(t)}{dt}.$$

車が加速されると速度が変化するので，**加速度** $a(t)$ は速度を微分することにより次のように得られる[*1]：

$$a(t) = \frac{dv(t)}{dt} = \frac{d^2 x(t)}{dt^2}.$$

以上をまとめると，速度 $v(t)$ は位置 $x(t)$ を t について微分したものであり，加速度 $a(t)$ は $x(t)$ を 2 回微分したものである．このことを，「$v(t)$ は $x(t)$ の導関数であり，$a(t)$ は $x(t)$ の 2 階**導関数**である」という．

最近は計算機の発達に伴い数値計算が盛んに行われている．ところが計算機では，Δt をゼロにすることはできない．本来は連続的であるはずの時間を，Δt ごとに離散化して取り扱うのである．$\Delta t \to 0$ の極限をとる前の (2.1)

[*1] 速度は英語で velocity，加速度は acceleration というので，それぞれの頭文字を使って表すことにする．

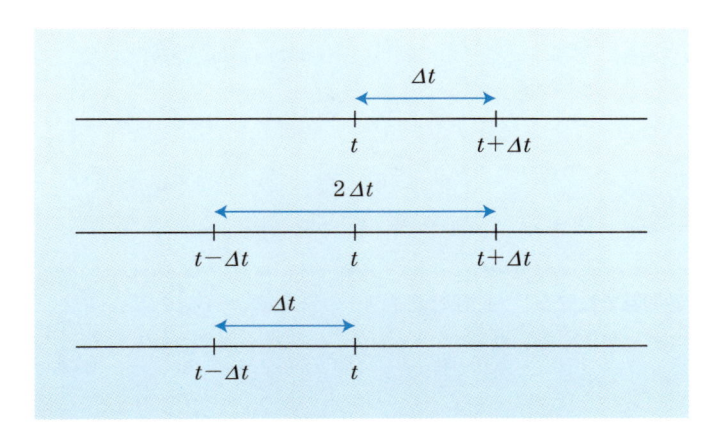

図 2.3 前進，中心，後進差分

を，微分に対して「**差分**」と呼ぶ．上では差分の極限として微分を定義したが，逆に微分を差分で近似する方法は一意的ではなく，いろいろなやり方が考えられる．ここでは，

$$v(t, \Delta t) = \begin{cases} \dfrac{x(t+\Delta t) - x(t)}{\Delta t}, \\ \dfrac{x(t+\Delta t) - x(t-\Delta t)}{2\Delta t}, \\ \dfrac{x(t) - x(t-\Delta t)}{\Delta t} \end{cases}$$

という3種類の差分を考えることにしよう．この3つはそれぞれ**前進差分**，**中心差分**，**後進差分**と呼ばれる (図 2.3 参照).

例題 2.1 以下の設問にしたがって，$x(t) = at^3$ を例にして3つの差分の違いを調べてみなさい．
(1) 前進差分を求めなさい．
(2) 中心差分を求めなさい．
(3) 後進差分を求めなさい．
(4) $\Delta t \to 0$ では3つの差分はどれも等しく，微分 $dx(t)/dt$ に収束することを見なさい．
(5) Δt が正だがとても小さい場合（これを $0 < \Delta t \ll 1$ と書く）を考える．微分からの誤差が最も小さいのはどの差分であるか．

例題 2.1 の解答 前進差分，中心差分，後進差分をそれぞれ $v_+(t, \Delta t)$, $v_0(t, \Delta t)$, $v_-(t, \Delta t)$ と書くことにする．
(1) $v_+(t, \Delta t) = 3at^2 + 3at\Delta t + a(\Delta t)^2$.　　(2) $v_0(t, \Delta t) = 3at^2 + a(\Delta t)^2$.
(3) $v_-(t, \Delta t) = 3at^2 - 3at\Delta t + a(\Delta t)^2$.
(4) 明らかに，$\Delta t \to 0$ で3つとも微分 $dx(t)/dt = 3at^2$ に収束する．
(5) $0 < \Delta t \ll 1$ のときには $(\Delta t)^2 \ll \Delta t$ なので，Δt の1次の項がない中心差分が，微分からの誤差が最も小さい．

「**$\sin\theta$, $\cos\theta$ は指数関数で表せる**」 (1.5) のオイラーの公式 $e^{i\theta} = \cos\theta + i\sin\theta$ と，この式で $\theta \to -\theta$ と変数変換した $e^{-i\theta} = \cos\theta - i\sin\theta$ を連立させて解くと，次のような等式が得られる．

$$\sin\theta = \frac{e^{i\theta} - e^{-i\theta}}{2i}, \qquad \cos\theta = \frac{e^{i\theta} + e^{-i\theta}}{2}.$$

2.2 基礎的な微分の公式

まず物理でよく使う関数の微分を書いておく[*2].

$$\frac{d}{dx}x^n = nx^{n-1}, \quad \frac{d}{dx}e^x = e^x, \quad \frac{d}{dx}\sin x = \cos x,$$
$$\frac{d}{dx}\cos x = -\sin x, \quad \frac{d}{dx}\log x = \frac{1}{x}.$$

2つの関数 $f(x)$ と $g(x)$ があったとき，一般に

関数の積の微分 $\quad \dfrac{d}{dx}f(x)g(x) = f'(x)g(x) + f(x)g'(x),$

関数の商の微分 $\quad \dfrac{d}{dx}\dfrac{f(x)}{g(x)} = \dfrac{f'(x)g(x) - f(x)g'(x)}{g^2(x)},$

合成関数の微分 $\quad \dfrac{d}{dx}f(g(x)) = f'(g(x))g'(x)$

となる．ただし，$\dfrac{d}{dx}f(x)$ を $f'(x)$ と略記した．（これは「エフ エックス プライム」と読む．）

[*2] $e^{(\cdots)}$ で $(\cdots)$ の中が長い場合は，それを e の肩にのせると読みにくいので，$\exp(\cdots)$ と書いてもよい．exp, cos, sin, tan, log, $\cdots$ 等は x や y といった変数でなく関数の名前を表すので，立体文字（ローマン）で書く．高校時代は log と書くと底が 10 の常用対数を表すのが普通であったが，ここでは特に断わらない限り底が e の自然対数を表す．ln と書くこともある．

「$\sin x$ と $\cos x$ を用いて定義される関数」

$$\tan x = \frac{\sin x}{\cos x} \quad (\text{タンジェント})$$
$$\cot x = \frac{\cos x}{\sin x} \quad (\text{コタンジェント})$$
$$\sec x = \frac{1}{\cos x} \quad (\text{セカント})$$
$$\operatorname{cosec} x = \frac{1}{\sin x} \quad (\text{コセカント})$$

「双曲線関数」

$$\sinh x = \frac{e^x - e^{-x}}{2} \quad (\text{ハイパーボリック・サイン})$$
$$\cosh x = \frac{e^x + e^{-x}}{2} \quad (\text{ハイパーボリック・コサイン})$$
$$\tanh x = \frac{\sinh x}{\cosh x} = \frac{e^x - e^{-x}}{e^x + e^{-x}} \quad (\text{ハイパーボリック・タンジェント})$$

> **例題 2.2** 以下の関数の微分を求めなさい．
> (1) $\tan x$ (2) $\cot x$ (3) $\exp(ax)\sin bx$
> (4) $\sqrt{1-x^2}$ (5) $\log \dfrac{1}{\sqrt{1-x^2}}$

2.3 運動方程式

3次元空間中の粒子の運動を考えよう．時刻 t での粒子の位置をベクトル $\boldsymbol{x}(t)$ で表す．**速度ベクトル**は

$$\boldsymbol{v}(t) = \frac{d\boldsymbol{x}(t)}{dt} = \left(\frac{dx(t)}{dt}, \frac{dy(t)}{dt}, \frac{dz(t)}{dt}\right)$$

で表される．すなわち

$$v_x = \frac{dx}{dt}, \quad v_y = \frac{dy}{dt}, \quad v_z = \frac{dz}{dt}$$

である．**加速度ベクトル** $\boldsymbol{a}(t)$ は $\boldsymbol{x}(t)$ の2階微分 (2階の導関数) で表される：

$$\begin{aligned}\boldsymbol{a}(t) &= \frac{d\boldsymbol{v}(t)}{dt} = \left(\frac{dv_x(t)}{dt}, \frac{dv_y(t)}{dt}, \frac{dv_z(t)}{dt}\right) \\ &= \frac{d^2\boldsymbol{x}(t)}{dt^2} = \left(\frac{dx^2(t)}{dt^2}, \frac{d^2y(t)}{dt^2}, \frac{d^2z(t)}{dt^2}\right).\end{aligned}$$

> **例題 2.2 の解答**
> (1)
> $$\begin{aligned}(\tan x)' &= \left(\frac{\sin x}{\cos x}\right)' = \frac{(\sin x)'\cos x - \sin x(\cos x)'}{\cos^2 x} \\ &= \frac{\cos^2 x + \sin^2 x}{\cos^2 x} = \frac{1}{\cos^2 x} = \sec^2 x.\end{aligned}$$
> (2)
> $$\begin{aligned}(\cot x)' &= \left(\frac{\cos x}{\sin x}\right)' = \frac{(\cos x)'\sin x - \cos x(\sin x)'}{\sin^2 x} \\ &= \frac{-\sin^2 x - \cos^2 x}{\sin^2 x} = -\frac{1}{\sin^2 x} = -\operatorname{cosec}^2 x.\end{aligned}$$
> (3)
> $$\begin{aligned}\frac{d}{dx}\exp(ax)\sin bx &= (\exp(ax))' \times \sin bx + \exp(ax) \times (\sin bx)' \\ &= \exp(ax)(a\sin bx + b\cos bx).\end{aligned}$$

したがって，ニュートンの運動方程式 $\boldsymbol{F} = m\boldsymbol{a}$ は，

$$m\frac{d^2\boldsymbol{x}(t)}{dt^2} = \boldsymbol{F} \tag{2.2}$$

という微分方程式で表されることになる．微分方程式の解き方は第 4 章で勉強することにする．

物理ではどうして微分がよく出てくるのであろうか．その理由は，物理では物体の運動に興味があるからである．もし**力のつりあい**のような静的な状態にのみ興味があるのなら微分は必要でない．このことを説明するために，図 2.4 のように地球の赤道上を回る**人工衛星**の運動を考えてみることにする．この運動を記述するには極座標が便利である．人工衛星の位置を (r, θ, φ) で表すと，赤道上を飛んでいるものとしているので $\theta = \pi/2$ である．人工衛星の地球中心からの距離 r の方程式は，人工衛星の質量を m，地球の質量を M，万有引力定数を G とすると，力学の授業で出てくるように

$$m\frac{d^2r}{dt^2} = -\frac{GmM}{r^2} + mr\left(\frac{d\varphi}{dt}\right)^2 \tag{2.3}$$

と書かれる．右辺の 1 項目は地球の引力によって地球中心に引っ張られる効果，第 2 項は外向きに働く遠心力である．この 2 つの作用のつりあいだけを考えるのであれば，

$$\left(\frac{d\varphi}{dt}\right)^2 = \frac{GM}{r^3} \tag{2.4}$$

という等式を考えればよいことになる．例えば，人工衛星がある一定の高度

---

(4)
$$\begin{aligned}
\frac{d}{dx}\sqrt{1-x^2} &= \frac{d}{dx}(1-x^2)^{1/2} \\
&= \frac{1}{2}(1-x^2)^{-1/2} \times (1-x^2)' \\
&= -\frac{x}{\sqrt{1-x^2}}.
\end{aligned}$$

(5)
$$\begin{aligned}
\frac{d}{dx}\log\frac{1}{\sqrt{1-x^2}} &= \frac{d}{dx}\log(1-x^2)^{-1/2} \\
&= -\frac{1}{2}\frac{d}{dx}\log(1-x^2) \\
&= -\frac{1}{2}\frac{1}{1-x^2} \times (1-x^2)' \\
&= \frac{x}{1-x^2}
\end{aligned}$$

r で周回している場合には，その**角速度** $\omega = \dfrac{d\varphi}{dt}$ は

$$\omega = \sqrt{\dfrac{GM}{r^3}}$$

と定まる．

　人工衛星が定まった軌道を回っているのは，このように**遠心力** $mr\omega^2$ と**万有引力** GmM/r^2 とがつりあっているからであるが，たとえ今現在はつりあっていたとしても，何か小さな宇宙のゴミが人工衛星に当たって，高度がずれたときどうなるのかはわからない．人工衛星は安定に飛び続けるのであろうか，それとも地球に落ちてきてしまうのであろうか．

　このように，「つりあった状態からずれてしまったときに，その後の運動はどうなるか」といった問題に答えるには，微分を含んだ運動方程式 (2.3) が必要になる．具体的に，人工衛星の**軌道の安定性**の問題を考えてみよう．力学で習うように，中心力しか働かない物体の角運動量 $\boldsymbol{L}$ は保存される．すなわち $|\boldsymbol{L}| = L = mr^2\omega$ は一定である．この関係を用いると (2.3) 式は，

$$m\dfrac{d^2 r}{dt^2} = -\dfrac{GmM}{r^2} + \dfrac{L^2}{mr^3} \tag{2.5}$$

と書き直せる．さらに，**ポテンシャル・エネルギー** U を

$$U(r) = -\dfrac{GmM}{r} + \dfrac{L^2}{2mr^2} \tag{2.6}$$

と定義すると，(2.5) は

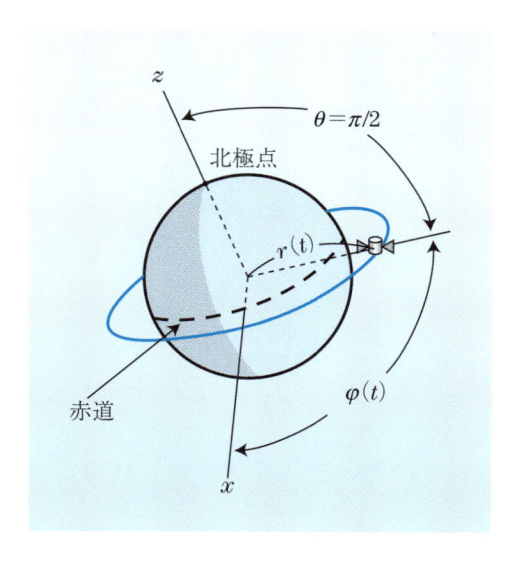

図 2.4　人工衛星の軌道

$$m\frac{d^2r}{dt^2} = -\frac{dU(r)}{dr} \tag{2.7}$$

とも書ける．

r を横軸にとり，ポテンシャルエネルギーを描いたのが図 2.5 である．r が小さいときには，(2.6) の第 1 項よりも第 2 項のほうがずっと大きいので，U は $1/r^2$ に比例した r の減少関数であることがわかる．r が大きいときには，逆に第 1 項のほうが第 2 項よりもずっと大きいので，このときは $-1/r$ に比例した r の増加関数であるはずである．r を大きくするにつれて，減少関数から増加関数に変わるのだから，その間で必ず最低の値をとる．このポテンシャル・エネルギーが最低のところで，(2.4) で $d\varphi/dt = L/mr^2$ を代入したつりあいの式が満たされることになる．地球からの引力と遠心力とがつりあった高度 (**平衡高度**と呼ぶことにする) を，図 2.5 では r_0 と書いた．

さて，衛星の軌道が少しだけ下がったとしよう．角運動量は保存されているから，衛星に働くポテンシャル・エネルギーの形は図 2.5 のままである．平衡高度 r_0 はこのポテンシャル・エネルギーが最低のところであったので，r が r_0 より小さくなると $U(r)$ は増加することになる．エネルギーは低い方がよいので，元に戻そうとする力が働く．反対に平衡高度より高度が上がり，r が r_0 より大きくなったとしても，やはりポテンシャル・エネルギーの値は大きくなってしまうので，r を小さくして元に戻そうとする．つまり，r が平衡高度 r_0 からずれると，かならず元に戻そうとする力が働くことになる．このようなわけで人工衛星は安定に飛び続けているのである．

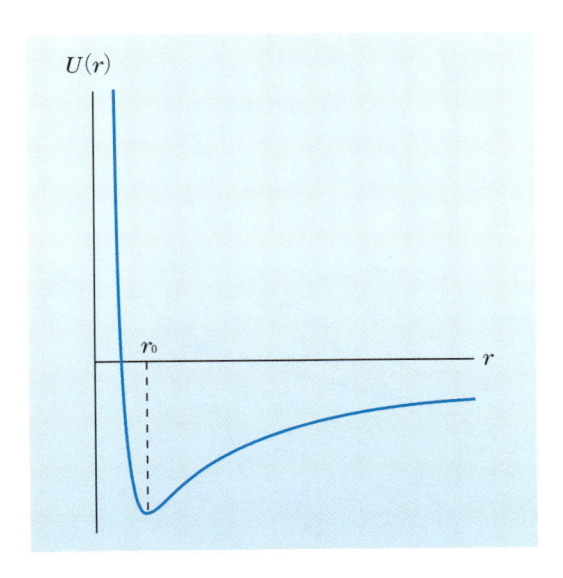

図 2.5 人工衛星のポテンシャル・エネルギー

2.4 テイラー展開

次のような問題を考えよう.「関数 $f(x)$ の $x = a$ での情報を用いて, $x = b(\neq a)$ での $f(x)$ の値が予測可能か.」例えば,「ある時刻での火星の運動状態がわかれば, 将来の火星の運動の予測は可能か.」

一番簡単な推測は, $f(x)$ の $x = b$ での値は,「まあ $x = a$ のときの値とそうは変わらないだろう」と思って,

$$f(b) \approx f(a)$$

としてしまうものである. ここで $\approx$ は,「左辺の量は右辺の量で近似できる」ということを表す記号である. この近似を第 0 近似と呼ぶことにする.

図 2.6 に示したように, この第 0 近似はあまりに大雑把過ぎる. もう少し近似の度合いを上げてみたい. それには, 点 a での f の変化の大きさ (微分) $f'(a)$ を求めて, 図 2.6 のように直線 (1 次曲線) で近似して

$$f(b) \approx f(a) + f'(a)(b-a)$$

とすればよい. これを第 1 近似と呼ぶ. ここで $f'(a)$ は, 導関数 $f'(x) \equiv \dfrac{df(x)}{dx}$ で $x = a$ を代入したものであり,「$f(x)$ の $x = a$ での導関数」という. このことを数式では

$$f'(a) \equiv \dfrac{df(x)}{dx}\bigg|_{x=a}$$

と書く. さらに近似をあげた第 2 近似は 2 次曲線で近似して

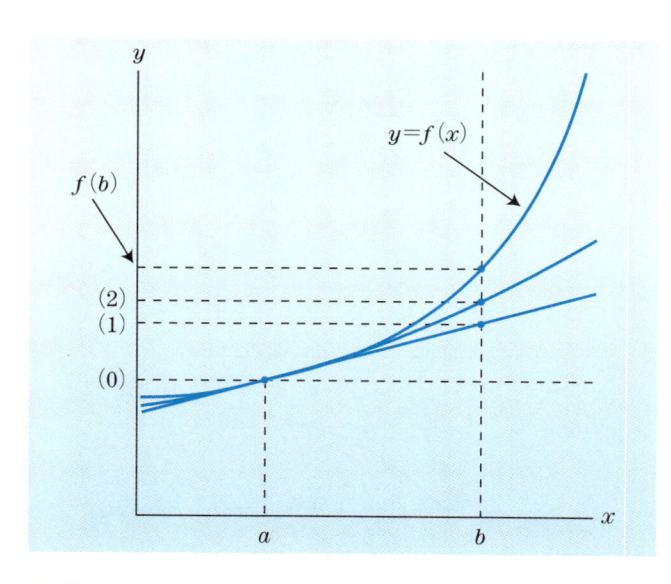

図 2.6 第 0 近似 ((0) の値), 第 1 近似 ((1) の値), 第 2 近似 ((2) の値)

$$f(b) \approx f(a) + f'(a)(b-a) + \frac{1}{2}f''(a)(b-a)^2$$

で与えられる．ここで，$f''(a)$ は $f(x)$ の $x=a$ での 2 次の導関数

$$f''(a) \equiv \frac{df^2(x)}{dx^2}\Big|_{x=a}$$

である．一般に整数 $n \geq 0$ に対して，$f(x)$ の $x=a$ での n 次の導関数を $f^{(n)}(a)$ と書くことにする．(ただし $f^{(0)}(a)$ は $f(a)$ に等しいとする．) 第 3 近似では

$$f(b) \simeq f^{(0)}(a) + f^{(1)}(a)(b-a) + \frac{1}{2}f^{(2)}(a)(b-a)^2 + \frac{1}{6}f^{(3)}(a)(b-a)^3$$

であり，一般に第 n 近似は，n 次の導関数まで含む $n+1$ 項からなる多項式で表されることになる (章末問題 2.6 を参照)．

このような近似をどんどんと押し進めて，近似の度合いが無限大の極限を考えてみよう．この極限では右辺は無限級数になる．この無限級数が収束するとき，$f(b)$ に対して，次のような級数展開表示が得られることになる．これを**テイラー展開**と呼ぶ：

$$\begin{aligned} f(b) &= f(a) + f'(a)(b-a) + \frac{1}{2}f''(a)(b-a)^2 + \cdots \\ &= \sum_{n=0}^{\infty} \frac{1}{n!} f^{(n)}(a)(b-a)^n. \end{aligned} \quad (2.8)$$

ここで $n!$ は，

「**n の階乗**」 具体的に $n!$ の値を書いてみると

$$0! = 1, \quad 1! = 1, \quad 2! = 2, \quad 3! = 6,$$
$$4! = 24, \quad 5! = 120, \quad 6! = 720,$$
$$7! = 5040 \quad 8! = 40320,$$
$$9! = 362880, \quad 10! = 3628800, \quad \cdots$$

となる．n が大きくなると，$n!$ は急激に増えていくのがわかる．$n!$ は n が大きいときには，n^n と同じくらいのスピードで増大することが知られている．

で定義され，自然数 n の**階乗**と呼ばれる量である．(便宜上 $0! = 1$ とする.)

$$n! = n(n-1)(n-2)\cdots 3\cdot 2\cdot 1$$

上の表現が正しいことは次のように確かめられる．まず (2.8) で b を x で置き換えた

$$f(x) = \sum_{n=0}^{\infty} \frac{1}{n!} f^{(n)}(a)(x-a)^n$$

を考えよう．両辺を x で m 回微分してから，$x = a$ を代入すると

$$\begin{aligned}
\text{左辺} &= f^{(m)}(a), \\
\text{右辺} &= \sum_{n=0}^{\infty} \frac{1}{n!} f^{(n)}(a) \frac{d^m(x-a)^n}{dx^m}\Big|_{x=a} \\
&= \sum_{n=0}^{\infty} \frac{1}{n!} f^{(n)}(a) m! \delta_{nm} = f^{(m)}(a)
\end{aligned}$$

となる．任意の $m \geq 0$ において両辺が一致するので，(2.8) が正しいことが確かめられたことになる[*3]．

例題 2.3 $\sqrt{1+x}$ の $x = 0$ のまわりのテイラー展開を x^2 まで求めなさい．

[*3] (2.8) で特に $a = 0$ である場合は，**マクローリン展開**と呼ばれるが，ひとまとめにしてテイラー展開と呼んでよい．

例題 2.3 の解答 $f(x) = (1+x)^{1/2}$ とする．

$$f'(x) = \frac{1}{2}(1+x)^{-1/2}, \qquad f''(x) = -\frac{1}{4}(1+x)^{-3/2}$$

であるから $f(0) = 1$, $f'(0) = \frac{1}{2}$, $f''(0) = -\frac{1}{4}$ と定まる．よって，テイラー展開の公式 (2.8) の代入すると，

$$\sqrt{1+x} = 1 + \frac{1}{2}x - \frac{1}{8}x^2 + \mathcal{O}(x^3)$$

と求められる．

「**便利なオーダーの記号**」上の解答に登場した $\mathcal{O}(x^3)$ という記号は，テイラー展開の x^3 以上の次数の項をすべてまとめて表した記号である．次数のことをオーダーというので $\mathcal{O}$ を用いる．$\mathcal{O}(x^3)$ は「x の 3 次以上の**オーダーの項**」というように読む．単に

$$\sqrt{1+x} = 1 + \frac{1}{2}x - \frac{1}{8}x^2 + \cdots$$

と書いただけでは，$+\cdots$ にどのような大きさの項が現れるかの情報ゼロである．

2.4 テイラー展開

例題 2.4 以下の設問にしたがって，関数 $f(x) = \dfrac{b}{1-x}$ の $x=0$ のまわりでのテイラー展開を計算してみなさい．ただし b は定数である．

(1) $f'(x), f''(x), f^{(3)}(x), f^{(4)}(x)$ を求めなさい．

(2) $f'(0), f''(0), f^{(3)}(0), f^{(4)}(0)$ を求めなさい．

(3) 一般に

$$f^{(n)}(x) = n! \frac{b}{(1-x)^{n+1}} \tag{2.9}$$

であることを，次のようにして証明しなさい．(この証明方法を**数学的帰納法**と呼ぶ.)

　　(a) $n=1$ のときには，確かに (2.9) が成り立つことを示しなさい．

　　(b) m を $m \geq 1$ の自然数とする．$n=m$ のときに (2.9) が成立していると仮定する．この仮定の下で，(2.9) が $n=m+1$ でも成立することを示しなさい．

(4) 上のことから結局

$$\frac{b}{1-x} = \sum_{n=0}^{\infty} c_n x^n$$

とテイラー展開したときの n 次の係数 c_n が，どのように与えられることがわかったか．

例題 2.4 の解答　(1)
$$f'(x) = -\frac{b}{(1-x)^2} \times (-1) = \frac{b}{(1-x)^2},$$
$f''(x) = 2b/(1-x)^3, \quad f^{(3)}(x) = 6b/(1-x)^4, \quad f^{(4)}(x) = 24b/(1-x)^5.$

(2) $f'(0) = b, \quad f''(0) = 2b, \quad f'''(0) = 6b, \quad f^{(4)}(0) = 24b.$

(3) (a) $f'(x) = b/(1-x)^2$ は (2.9) で $n=1$ としたものである．

　(b) (2.9) が $n=m$ で成り立つという仮定より

$$\begin{aligned}
f^{(m+1)}(x) &= \frac{d}{dx} m! \frac{b}{(1-x)^{m+1}} \\
&= -(m+1) m! \frac{b}{(1-x)^{m+2}} \times (1-x)' \\
&= (m+1)! \frac{b}{(1-x)^{m+2}}.
\end{aligned}$$

(4) (2.9) より $f^{(n)}(0) = n! b$ なので，$c_n = f^{(n)}(0)/n! = b.$

例題 2.4 で，$|x|<1$ のとき

$$\frac{b}{1-x} = b + bx + bx^2 + bx^3 + \cdots$$
$$= \sum_{n=0}^{\infty} bx^n. \tag{2.10}$$

というテイラー展開の公式が成り立つことが，数学的帰納法によって証明された．ところが高校で，初項が b で公比が x (ただし $|x|<1$ とする) の**等比級数**の和 $S = \sum_{n=0}^{\infty} bx^n$ は，$\frac{b}{1-x}$ であることは習っているはずである．この結果は (2.10) に他ならない．テイラー展開は微分の公式ではあるが，(2.10) の展開は高校の級数の和の公式のところですでに登場していたのである．

「初項が b で公比が x の等比級数の和はどのように表せますか」と聞くと答えられるのに，「$\frac{b}{1-x}$ の $x=0$ の周りでのテイラー展開をしなさい」というと，「わかりません」と答える学生がときどきいる．本書の読者はそのようなことのないように！

物理では**指数関数**，**正弦 (サイン) 関数**，**余弦 (コサイン) 関数**がよく出てくるので，それらの原点の周りでの展開形を書いておく[*4]．

[*4]数学公式集にはいろいろな関数を原点の周りで展開した結果がのっているので，参考にするのが便利である．例えば，森口・宇田川・一松 著「岩波 数学公式」I 微分積分・平面曲線，II 級数・フーリエ解析，III 特殊関数 (岩波書店) を薦める．

「指数関数のテイラー展開」 (2.11) は，$(e^x)' = e^x$ を用いると，テイラー展開の定義式 (2.8) から導かれる (章末問題 2.13)．ところが，e の定義式 (1.6) から

$$e^x = \lim_{n \to \infty} \left\{ \left(1 + \frac{1}{n}\right)^n \right\}^x = \lim_{m \to \infty} \left(1 + \frac{x}{m}\right)^m$$

なので ($nx = m$ とおいた)，次のように直接的に導くこともできる．$E_m = \left(1 + \frac{x}{m}\right)^m$ とおくと，二項定理より，

$$E_m = \sum_{k=0}^{m} {}_m\mathrm{C}_k \left(\frac{x}{m}\right)^k = \sum_{k=0}^{m} \frac{m(m-1)(m-2)\cdots(m-k+1)}{k!} \frac{x^k}{m^k}$$
$$= \sum_{k=0}^{m} \frac{x^k}{k!} \left(1 - \frac{1}{m}\right)\left(1 - \frac{2}{m}\right)\cdots\left(1 - \frac{k-1}{m}\right)$$

なので，$e^x = \lim_{m \to \infty} E_m = \sum_{k=0}^{\infty} \frac{x^k}{k!}$．このテイラー展開の公式より，逆に $(e^x)' = e^x$ を導くことができる (章末問題 2.14)．

2.4 テイラー展開

$$e^x = 1 + x + \frac{1}{2!}x^2 + \frac{1}{3!}x^3 + \cdots = \sum_{n=0}^{\infty} \frac{1}{n!}x^n, \tag{2.11}$$

$$\sin x = x - \frac{1}{3!}x^3 + \frac{1}{5!}x^5 - \cdots = \sum_{n=0}^{\infty} (-1)^n \frac{1}{(2n+1)!} x^{2n+1}, \tag{2.12}$$

$$\cos x = 1 - \frac{1}{2}x^2 + \frac{1}{4!}x^4 - \cdots = \sum_{n=0}^{\infty} (-1)^n \frac{1}{(2n)!} x^{2n}. \tag{2.13}$$

$e^x, \sin x, \cos x$ のテイラー展開が与えられると，第 1 章で述べた，オイラーの公式 (1.5) を簡単に証明することができる．

例題 2.5 (2.11), (2.12), (2.13) のテイラー展開式を用いて，**オイラーの公式**

$$e^{ix} = \cos x + i \sin x.$$

を導きなさい．

最近の計算機の発達は微分方程式を数値的に解くことを可能にした．計算機では，微分を差分で置き換えて逐次的に計算する．差分で置き換えるときに生じる誤差の大きさを評価するのにも，テイラー展開が用いられる．これについては，次節で詳しく述べよう．

例題 2.5 の解答 (2.11) で x を ix と置き直すと

$$\begin{aligned} e^{ix} &= \sum_{n=0}^{\infty} \frac{1}{n!} (ix)^n \\ &= \sum_{m=0}^{\infty} \frac{1}{(2m)!} (ix)^{2m} + \sum_{m=0}^{\infty} \frac{1}{(2m+1)!} (ix)^{2m+1} \\ &= \sum_{m=0}^{\infty} \frac{1}{(2m)!} (-1)^m x^{2m} + i \sum_{m=0}^{\infty} \frac{1}{(2m+1)!} (-1)^m x^{2m+1}. \end{aligned}$$

ただし，$i^2 = -1$ であることを用いた．(2.12), (2.13) より，(右辺) $= \cos x + i \sin x$ である．

2.5 数値微分

数値計算ではある区間で連続的に定義された関数を，その区間を離散的に分割した点上での関数値で近似する．図 2.7 のように幅 h で x 座標を分けることにする．点 x での微分は

$$\frac{df}{dx} = \lim_{h \to 0} \frac{f(x+h) - f(x-h)}{2h}$$

で定義されるから，h が小さければ

$$f'(x) \approx \frac{f(x+h) - f(x-h)}{2h} \tag{2.14}$$

という近似を用いればよい．

それでは，もしも h がそれほど小さくなかったら，誤差はどれほどあるのだろうか．近似式の誤差の評価が数値計算でもっとも重要なポイントである．誤差の程度を知るには関数 $f(x \pm h)$ をテイラー展開すればよい．

$$f(x \pm h) = f(x) \pm \frac{df}{dx}h + \frac{1}{2!}\frac{d^2 f}{dx^2}h^2 \pm \frac{1}{3!}\frac{d^3 f}{dx^3}h^3 + \mathcal{O}(h^4)$$

である (複号同順)．これを代入すると，(2.14) の右辺は

$$\frac{f(x+h) - f(x-h)}{2h} = \frac{df}{dx} + \frac{1}{3!}\frac{d^3 f}{dx^3}h^2 + \mathcal{O}(h^4)$$

となるので，(2.14) の近似は h^2 のオーダーの誤差を含むことがわかる．

微分を差分で近似するとき誤差を小さくするには，当然 h をできるだけ

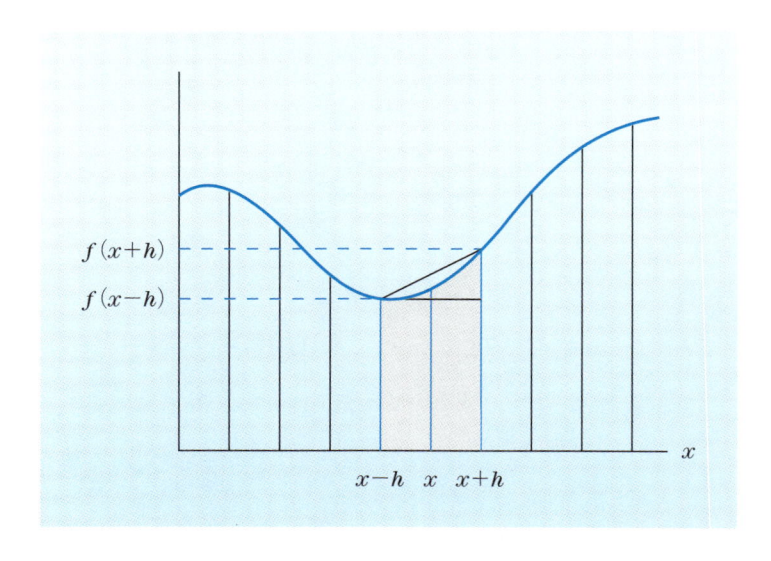

図 2.7 微分を差分で近似する

2.5 数値微分

小さくとればよい．しかし本章冒頭の車の走行の例が示すように，現実問題では h を小さくとるには限界がある．h を小さくしないで差分の精度をあげるには，どうしたらよいだろうか．そのためには点 x の最近傍だけではなく，もう少し遠いところの関数の情報を取り込むのである．$f_{\pm 1} = f(x \pm h)$, $f_{\pm 2} = f(x \pm 2h)$ と略記してテイラー展開すると

$$f_{\pm 1} = f \pm hf' + \frac{h^2}{2!}f'' \pm \frac{h^3}{3!}f^{(3)} + \mathcal{O}(h^4),$$

$$f_{\pm 2} = f \pm 2hf' + \frac{(2h)^2}{2!}f'' \pm \frac{(2h)^3}{3!}f^{(3)} + \mathcal{O}(h^4)$$

となる．これより

$$f_{+1} - f_{-1} = 2hf' + \frac{h^3}{3}f^{(3)} + \mathcal{O}(h^5)$$

$$f_{+2} - f_{-2} = 4hf' + \frac{8}{3}h^3 f^{(3)} + \mathcal{O}(h^5)$$

が得られるので，

$$8(f_{+1} - f_{-1}) - (f_{+2} - f_{-2}) = 12hf' + \mathcal{O}(h^5)$$

である．よって

$$f'(x) \approx \frac{1}{12h}(f_{-2} - 8f_{-1} + 8f_{+1} - f_{+2}) \tag{2.15}$$

という近似式を考えると，この誤差は h^4 のオーダーにすぎないことがわかる．もっと精度を上げたければより遠くの f の値を考慮すればよい．もちろんそのためには，その分計算量を増さなければならない．

「微分の差分による近似公式」 $f_{\pm k} = f(x \pm kh)$ と略記する．本文で述べた計算により，

$$f'(x) = \frac{1}{2h}[f_{+1} - f_{-1}] + \mathcal{O}(h^2)$$

$$f'(x) = \frac{1}{12h}[8(f_{+1} - f_{-1}) - (f_{+2} - f_{-2})] + \mathcal{O}(h^4)$$

という近似公式が得られた．同様にして

$$f'(x) = \frac{1}{60h}[45(f_{+1} - f_{-1}) - 9(f_{+2} - f_{-2}) + (f_{+3} - f_{-3})] + \mathcal{O}(h^6)$$

$$f'(x) = \frac{1}{840h}[672(f_{+1} - f_{-1}) - 168(f_{+2} - f_{-2})$$
$$+ 32(f_{+3} - f_{-3}) - 3(f_{+4} - f_{-4})] + \mathcal{O}(h^8)$$

という，より誤差の小さな近似公式を導くことができる．

2.6 偏微分と全微分

ここまでの説明では，微分する関数 f の変数（独立変数，または引数という）は 1 つであった．このような 1 変数関数の微分は**常微分**と呼ばれる．それでは 2 変数関数の微分はどのように定義されるのであろうか．

次のような山登りの問題を考えることにしよう．簡単のために，登山道があるとかないとかに関係なく，どこからでも登れるものとしよう．各地点での傾斜の度合いはどのように表したらよいであろうか．2 次元平面上での高度 $h(x,y)$ を定義しよう．点 (x,y) から，点 $(x+dx, y+dy)$ へ行く間の高度差 Δh は

$$\Delta h = h(x+dx, y+dy) - h(x,y) \tag{2.16}$$

である．dx, dy が小さいとして，テイラー展開をしよう．今回は変数が 2 個であるが，

$$h(x+dx, y+dy) = h(x,y) + \left(\frac{\partial h}{\partial x}\right)_y dx + \left(\frac{\partial h}{\partial y}\right)_x dy + \mathcal{O}((dx)^2, (dy)^2, dxdy) \tag{2.17}$$

のように展開できる．ここで

$$\left(\frac{\partial h}{\partial x}\right)_y, \quad \left(\frac{\partial h}{\partial y}\right)_x \tag{2.18}$$

はそれぞれ y と x とを固定した条件下での，x と y に関する導関数である．これらを**偏微分**と呼ぶ．また $\mathcal{O}((dx)^2, (dy)^2, dxdy)$ は，$dx \to 0, dy \to 0$ の

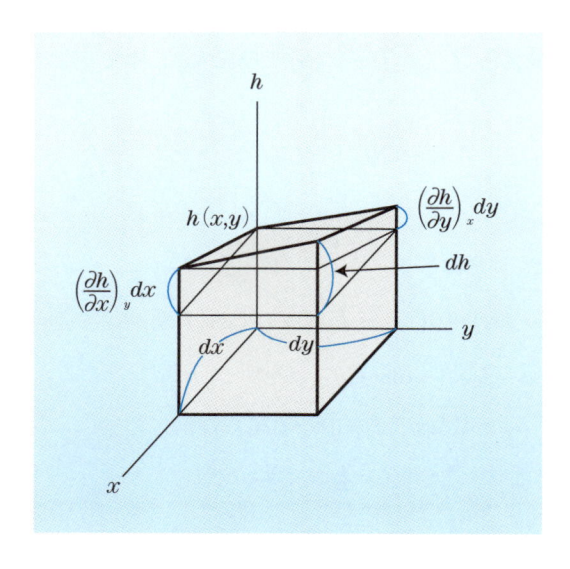

図 2.8 偏微分と全微分

とき，$(dx)^2, (dy)^2$ または $dxdy$ の程度，あるいはそれ以下に小さくなる項を表している．(2.17) を (2.16) に代入すれば，高度差に対して

$$\Delta h = \left(\frac{\partial h}{\partial x}\right)_y dx + \left(\frac{\partial h}{\partial y}\right)_x dy + \mathcal{O}((dx)^2, (dy)^2, dxdy)$$

という表現を得ることになる．

$\mathcal{O}((dx)^2, (dy)^2, dxdy)$ の項を無視したとき Δh を dh と書く．これが，2 変数関数 $h(x,y)$ の微分 (偏微分に対応して**全微分**という) の定義である．すなわち，全微分 dh は，偏微分 (2.18) によって

$$dh = \left(\frac{\partial h}{\partial x}\right)_y dx + \left(\frac{\partial h}{\partial y}\right)_x dy \tag{2.19}$$

で与えられるのである．図 2.8 を参照しなさい．

例題 2.6 次の関数の偏微分 $\left(\dfrac{\partial f}{\partial x}\right)_y, \left(\dfrac{\partial f}{\partial y}\right)_x$ を求めなさい．

(1) $ax^2 + by^3$ (2) $\sin axy$ (3) $e^{ax^2+b/y}$.

例題 2.6 の解答

(1)
$$\left(\frac{\partial f}{\partial x}\right)_y = 2ax, \qquad \left(\frac{\partial f}{\partial y}\right)_x = 3by^2.$$

(2)
$$\left(\frac{\partial f}{\partial x}\right)_y = ay\cos axy, \qquad \left(\frac{\partial f}{\partial y}\right)_x = ax\cos axy.$$

(3)
$$\left(\frac{\partial f}{\partial x}\right)_y = 2axe^{ax^2+b/y}, \qquad \left(\frac{\partial f}{\partial y}\right)_x = -\frac{b}{y^2}e^{ax^2+b/y}.$$

2.7　章末問題

2.1　物体の位置が，時間 t の関数として $x(t) = at^2 + bt + c$ で与えられている．速度と加速度を求めなさい．

2.2　物体の位置が，時間 t の関数として $x(t) = a\sin\omega t$ で与えられているとき，速度と加速度を求めなさい．

2.3　$x(t) = at^4$ に対して，例題 2.1 と同様に，3 つの差分の違いを調べてみなさい．
(1) 前進差分を求めなさい．
(2) 中心差分を求めなさい．
(3) 後進差分を求めなさい．
(4) $\Delta t \to 0$ では 3 つの差分はどれも等しく，微分 $dx(t)/dt$ に収束することを見なさい．
(5) $0 < \Delta t \ll 1$ のとき，微分からの誤差が最も小さいのはどの差分であるか．

2.4　(1) 指数関数の微分公式 $(e^x)' = e^x$ と $\sin x, \cos x$ と指数関数との関係式
$$\sin x = \frac{e^{ix} - e^{-ix}}{2i}, \quad \cos x = \frac{e^{ix} + e^{-ix}}{2} \tag{2.20}$$
を用いて，次の微分公式を導きなさい．
$$(\sin x)' = \cos x, \quad (\cos x)' = -\sin x.$$

(2) (2.20) を用いて，
$$\sin^2 x + \cos^2 x = 1$$
を証明しなさい．

2.5　地球の赤道上をまわる人工衛星の周回軌道について，2.3 節で説明した．それを参考にして，次の問に答えなさい．
(1) 高度 100km の赤道上を飛んでいる人工衛星は，何時間で地球を一周するか計算しなさい．ただし $G = 6.67 \times 10^{-11} \mathrm{Nm}^2/\mathrm{kg}^2$，地球の半径は 6370km，地球の質量は 5.974×10^{24} kg である．
(2) 人工衛星の回転の角運動量 $\boldsymbol{L}$ はどの方向を向いているであろうか．

2.6　次の設問にしたがって，テイラー展開の公式を導いてみよう．
ある定数 a があり，関数 $f(x)$ が $x = a$ の近くで

$$f(x) = f^{(0)}(a) + c_1(x-a) + c_2(x-a)^2 + c_3(x-a)^3 + \mathcal{O}((x-a)^4) \quad (2.21)$$

と書けるものとする．ただし，c_1, c_2, c_3 は定数係数である．
(1) (2.21) の両辺を x で微分して，$f^{(1)}(a)$ を求めなさい．
(2) 同様にして，(2.21) から 2 階と 3 階の導関数 $f^{(2)}(a), f^{(3)}(a)$ を求めなさい．
(3) (1) と (2) の答より，(2.21) の定係数 c_1, c_2, c_3 を $f^{(1)}(a), f^{(2)}(a), f^{(3)}(a)$ を用いて表してみなさい．

2.7 (1) $\sqrt{1+x+x^2}$ を $x=0$ のまわりで x^3 のオーダーまでテイラー展開しなさい．
(2) $\sqrt{1+x+x^2}$ を $x=1$ のまわりで $(x-1)^2$ のオーダーまでテイラー展開しなさい．

2.8 $\tan x$ を $x=0$ のまわりでテイラー展開したい．
(1) テイラー展開の 3 次まで (x^3 の項まで) 求めなさい．
(2) x の偶数次の項はすべてゼロであることを証明しなさい．

2.9 $\tanh x$ を $x=0$ のまわりでテイラー展開したい．
(1) テイラー展開の 3 次まで (x^3 の項まで) 求めなさい．
(2) x の偶数次の項はすべてゼロであることを証明しなさい．

2.10 初項が b で，公比が x の等比級数の和 $S = \sum_{n=0}^{\infty} bx^n$ を求めなさい．

2.11 次の設問にしたがって，対数関数 $f(x) = \log(1+x)$ の $x=0$ のまわりでのテイラー展開の公式を導きなさい．
(1) $f'(x), f''(x), f^{(3)}(x), f^{(4)}(x), f^{(5)}(x)$ を求めなさい．
(2) $f(0), f'(0), f''(0), f^{(3)}(0), f^{(4)}(0), f^{(5)}(0)$ を求めなさい．
(3) 一般の $n \geq 1$ のときに，$f^{(n)}(0)$ は n を用いてどのように表されるか．
(4) 上の結果から，
$$\log(1+x) = \sum_{n=1}^{\infty} c_n x^n \quad (2.22)$$
とテイラー展開したときの係数 c_n を与えなさい．

2.12 例題 2.4 で $f(x) = \dfrac{b}{1-x}$ のテイラー展開を求めた．その結果で，$b=1$ として，さらに $x = -y$ によって，$x \to y$ という変数変換をすると
$$\frac{1}{1+y} = \sum_{k=0}^{\infty} (-1)^k y^k \quad (2.23)$$

を得る. (2.23) を用いると, 章末問題 2.11 で求めた $\log(1+y)$ のテイラー展開が, 以下のように簡単に導ける.

(1) (2.23) の左辺を y について, $y=0$ から $y=x$ まで積分すると

$$\int_0^x (\text{左辺}) dy = \int_0^x \frac{1}{1+y} dy$$
$$= \log(1+x)$$

である. それでは, 右辺を積分するとどうなるか. ただし, 次のように積分と和の順番を入れ替えてよいものとする (これを**項別積分**という).

$$\int_0^x \left(\sum_{k=0}^{\infty} (-1)^k y^k \right) dy = \sum_{k=0}^{\infty} (-1)^k \int_0^x y^k \, dy.$$

(2) 左辺の積分と右辺の積分を等しいとおくと, (2.22) が得られることを示しなさい.

2.13 $(e^x)' = e^x$ を用いて, 指数関数 e^x の原点のまわりのテイラー展開の公式 (2.11) を証明しなさい.

2.14 (2.11) を用いて, $(e^x)' = e^x$ を導きなさい.

2.15 正弦関数 $\sin x$ の原点のまわりのテイラー展開の公式 (2.12) を証明しなさい.

2.16 余弦関数 $\cos x$ の原点のまわりのテイラー展開の公式 (2.13) を証明しなさい.

2.17 $f = \sin x$ の $x = \pi/4$ での微分の値を, (2.14) と (2.15) の両方の近似で求めなさい. そしてそれらを, 正確な値 $f'(\pi/4) = \cos \pi/4 = 1/\sqrt{2} = 0.7071067812$ と比較しなさい. ただし, $h = 0.1$ と $h = 0.2$ の 2 通りでこの比較を行ってみなさい.

2.18 理想気体 n モルの状態方程式は, 気体の圧力を P, 体積を V, 絶対温度を T とすると $PV = nRT$ である. ただし, $R = 8.31 \, [\text{J/mol} \cdot \text{K}]$ は**気体定数**である. これより $P = nRT/V$ となる. R は定数であり, 気体のモル数 n は一定であるから, 圧力 P は T と V の 2 変数関数である.

(1) 偏微分 $\left(\dfrac{\partial P}{\partial T} \right)_V$ を求めなさい.

(2) 偏微分 $\left(\dfrac{\partial P}{\partial V} \right)_T$ を求めなさい.

(3) 気体の**内部エネルギー** U は一般的には V と T の 2 変数関数である. 実

際に体積 V の関数であるかどうかは，温度 T を一定にした偏微分 $\left(\dfrac{\partial U}{\partial V}\right)_T$ がゼロか否かを見ればよい．熱力学の公式として

$$\left(\frac{\partial U}{\partial V}\right)_T = T\left(\frac{\partial P}{\partial T}\right)_V - P \tag{2.24}$$

が知られている．理想気体の場合には，内部エネルギーは体積 V には依存しないことを証明しなさい．

3 積 分

　高校では積分は微分演算の逆演算として教えられた．確かに不定積分の計算では，微分したらその関数になるような関数 (原始関数) を答えればよい．しかし，物理の問題の最終的な答えとして出てくるのは不定積分ではなく，必ず定積分である．この章では，定積分とは何かをしっかりと理解してもらいたい．

　定積分とは，ある量を計算するのにまず微小要素からの寄与を書き下し，それを必要な範囲 (領域) についてすべて足し合わせたものである．この一見素朴な，しかし正確な理解ができさえすれば，2 次元空間中での 2 重積分も，3 次元空間中での 3 重積分も，1 変数の積分とまったく同じように操れるようになる．第 1 章で勉強した座標変換に伴って，微小要素がどのように変換されるかを詳しく述べる．その上で，剛体回転する物体の運動エネルギーの計算を通して，多重積分の仕方をマスターしてもらう．

　解析的に計算できる積分は実は限られものにすぎない．しかし最近は計算機の発展のため，解析的に求められない積分も容易に数値的に計算できるようになってきた．「積分とは微小要素からの寄与の足し合わせである」ということを理解していれば，数値積分の基本的なアルゴリズムも，ごく自然に理解することができるであろう．

本章の内容

基礎的な不定積分の公式
微小要素からの寄与
微小要素の座標変換
剛体回転する物体の運動エネルギー
ポテンシャル・エネルギー
数値積分
章末問題

3.1 基礎的な不定積分の公式

まず簡単な関数の**不定積分**を知っておくことは有利である．下のコラムにいくつか例を挙げておく．皆さんもよく出てくる積分を数学公式集で調べる習慣をつけて欲しい[*1]．

このような簡単な公式が直接適用できなくても，**部分積分**を通じて積分できそうな形に持っていくことができる場合もある．部分積分の方法は，公式

$$\int f(x)g'(x)dx = f(x)g(x) - \int f'(x)g(x)dx \tag{3.1}$$

で表される．この公式は，2つの関数の積の微分法

$$(f(x)g(x))' = f'(x)g(x) + f(x)g'(x) \tag{3.2}$$

から簡単に導き出せる．すなわち (3.2) より

$$f(x)g'(x) = (f(x)g(x))' - f'(x)g(x)$$

であるが，この両辺の不定積分をとればよい．$\int (f(x)g(x))'dx = f(x)g(x)$ なので，(3.1) が得られるのである．

[*1] 不定積分を導くことは面倒だとしても，公式集などに載っている積分公式が正しいことを確認するのは簡単である．答を微分してみて，それが被積分関数に戻ることを確かめればよいのである．例えば，下のコラム内の最後の公式で，$\log(x+\sqrt{x^2-1})$ の微分が $1/\sqrt{x^2-1}$ であることはすぐにわかる．

「基本的な関数の不定積分」

$$\int e^x dx = e^x$$

$$\int \sin x\, dx = -\cos x$$

$$\int \cos x\, dx = \sin x$$

$$\int \frac{1}{x} dx = \log x$$

$$\int \frac{1}{1+x^2} dx = \arctan x$$

$$\int \frac{1}{\sqrt{x^2-1}} dx = \log(x+\sqrt{x^2-1})$$

部分積分を何度も繰り返して行うと，いろいろな形の積分が計算できる．次の例題を解いてみよう．

例題 3.1 (1) 次の 2 つの不定積分を求めなさい．
$$I[1] = \int x e^{-ax^2} dx$$
$$I[3] = \int x^3 e^{-ax^2} dx.$$

(2) $m = 0, 1, 2, \cdots$ に対して，それぞれ不定積分
$$I[2m+1] = \int x^{2m+1} e^{-ax^2} dx$$
を定義する．部分積分することによって，次の**漸化式**を導きなさい．
$$I[2m+1] = -\frac{1}{2a} x^{2m} e^{-ax^2} + \frac{m}{a} I[2m-1] \quad (m = 0, 1, 2, \cdots) \quad (3.3)$$

(3) 漸化式 (3.3) と設問 (1) の結果を用いて，$I[5]$ を求めてみなさい．

例題 3.1 の解答 (1) $x^2 = t$ とおくと $2x\,dx = dt$ なので，
$I[1] = \frac{1}{2} \int e^{-at} dt = -\frac{1}{2a} e^{-at} = -\frac{1}{2a} e^{-ax^2}.$
同様に $I[3] = \frac{1}{2} \int t e^{-at} dt = -\frac{1}{2a} \int t \left(e^{-at}\right)' dt = -\frac{1}{2a} \left[t e^{-at} - \int e^{-at} dt \right]$
$= -\frac{1}{2a} x^2 e^{-ax^2} - \frac{1}{2a^2} e^{-ax^2}.$
(2) $x^2 = t$ とおくと
$$I[2m+1] = \frac{1}{2} \int t^m e^{-at} dt = -\frac{1}{2a} \int t^m \left(e^{-at}\right)' dt$$
$$= -\frac{1}{2a} \left[t^m e^{-at} - \int m t^{m-1} e^{-at} dt \right]$$
$$= -\frac{1}{2a} t^m e^{-at} + \frac{m}{a} \frac{1}{2} \int t^{m-1} e^{-at} dt = -\frac{1}{2a} x^{2m} e^{-ax^2} + \frac{m}{a} I[2m-1].$$
(3) $I[5] = -\frac{1}{2a} x^4 e^{-ax^2} + \frac{2}{a} I[3] = -\frac{1}{2a} x^4 e^{-ax^2} - \frac{1}{a^2} x^2 e^{-ax^2} - \frac{1}{a^3} e^{-ax^2}.$

3.2 微小要素からの寄与

前章の冒頭と同じように，再び車の運動を例にして考えることにする．ここでは，各時刻 t での車の速度 $v(t)$ が与えられているとき，「時刻 t_1 から，時刻 t_2 まで進んだ距離 L はいくらか計算しなさい」という問題を考える．高校では，微分の逆演算として積分を習った．それを思い出すと，速度は進んだ距離の微分だから，進んだ距離 L は速度の積分である．したがって

$$L = \int_{t_1}^{t_2} v(t')dt' \tag{3.4}$$

と書けることに気づくであろう．しかし正確にいうと，微分の逆演算として定義されるのは不定積分であり，(3.4) のように t_1 から t_2 までの**定積分**ではない．物理ではこの例に限らず，ある始点から終点までに要したものはいくらであるか，という問題に答えなくてはならない．だから一般的にいって，不定積分は (途中の計算ではともかく) 最終的な答えとして出てくることはあり得ないのである．

そこで (3.4) の積分を，微分の逆演算ではなく，次のような量であると考えることにしよう．まず，時刻 t から時刻 $t + dt$ の間に移動する距離は $v(t)dt$ である．ここで dt は，非常に短い (ただしゼロではない) 時間間隔を表す．そのような小さな要素を必要なだけ足し合わせる．今の場合は，時刻 t_1 から時刻 t_2 まで足し合わせる．こうして得られた「和」が (3.4) という訳である．積分は**微小要素からの寄与**の (無限個の) 足し算なのである．

「**積分に対する教訓**」 上で述べたことを教訓として書き留めておくことにする．
(1) まず微小な要素に対する表現を書き下す．
 (上の本文中の例では，$v(t)dt$ のことである.)
(2) 積分とは，この微小要素からの寄与の足し合わせである．
(3) 微小要素をどれだけ足し合わせればよいかを指定するために，積分の上限と下限は必ず書かなければいけない．すなわち積分領域を必ず指定すること．

> **例題 3.2** 速度 $v_0 \sin \omega t$ で動いている物体が，$F = F_0 \cos \omega t$ の力を受けている．時刻 $t = 0$ から時刻 $t = T$ の間に粒子が得るエネルギーを次の手順で計算しなさい．
> (1) 時刻 t と $t + dt$ の間に粒子が進む距離はいくらであるか．
> (2) 時刻 t と $t + dt$ の間に粒子が力 F から与えられるエネルギーはいくらであるか．
> (3) 時刻 $t = 0$ から時刻 $t = T$ の間に粒子が得るエネルギー E は積分でどのように表されるか．
> (4) 積分を実行することにより E を計算しなさい．

3.3 微小要素の座標変換

3.3.1 円の面積

半径が a の円を C と書くことにする (図 3.1)．この円の面積を積分で

$$A = \int_C dx dy \tag{3.5}$$

というように書く．これは，平面上の x と y についての積分なので **2 重積分**である．

この 2 重積分を行うには，座標系 (x, y) を極座標 (r, θ) に変換するのが便利である．前節で積分は微小要素からの寄与をすべて足し合わせたものであ

> **例題 3.2 の解答** (1) t から $t + dt$ までの微小な時間間隔の間では，速度は時刻 t のときの値 $v_0 \sin \omega t$ のままであると考える．すると時間間隔 dt の間に進む距離は，(速度) × (時間) $= v_0 \sin \omega t \, dt$ である．
> (2) 粒子には，力 × 移動距離だけ仕事がなされるので，この間に粒子が得るエネルギーは，$F_0 \cos \omega t \times v_0 \sin \omega t \, dt = F_0 v_0 \sin \omega t \cos \omega t \, dt$ である．
> (3)
> $$E = \int_0^T F_0 v_0 \sin \omega t \cos \omega t \, dt.$$
> (4) $\sin \omega t \cos \omega t = (\sin 2\omega t)/2$ なので，
> $$E = \frac{F_0 v_0}{2} \int_0^T \sin 2\omega t \, dt = \frac{F_0 v_0}{2} \left[-\frac{1}{2\omega} \cos 2\omega t \right]_0^T = \frac{F_0 v_0}{4\omega} (1 - \cos 2\omega T).$$

るといった．今の場合は，微小要素は「2 次元平面上の**微小領域**」である．積分変数を座標変換すると，それに伴って「微小領域」も変換されることになる．2 次元極座標での微小領域は，図 3.2 のように，r，$r+dr$，θ と $\theta+d\theta$ の 4 本の線により囲まれた微小な面である．その面積は

$$dr \times r\, d\theta \tag{3.6}$$

で与えられる[*2]．こうして，

$$A = \int_C dr d\theta r = \int_0^a dr \int_0^{2\pi} d\theta\, r$$
$$= \int_0^a r\, dr \times \int_0^{2\pi} d\theta$$

となる．この積分を計算すると $A = \left[\dfrac{r^2}{2}\right]_0^a \times 2\pi = \pi a^2$ を得る．半径 a の円の面積は確かに πa^2 である．

3.3.2 球の体積

次に半径が a の球 (図 3.3) を考えることにする．この球の内部の領域を S

[*2] ある人は，この面積を $dr \times (r+dr)d\theta$ ではないかと考えるかもしれない．しかし 2 つの微小面積の差は $(dr)^2 d\theta$ であり，$dr \to 0$ の極限では $r\, dr d\theta$ という値よりずっと小さいことになる．つまり，この微小領域の面積を $dr \times r\, d\theta$ としても $dr \times (r+dr)d\theta$ としても，積分の答えは変わらないのである．

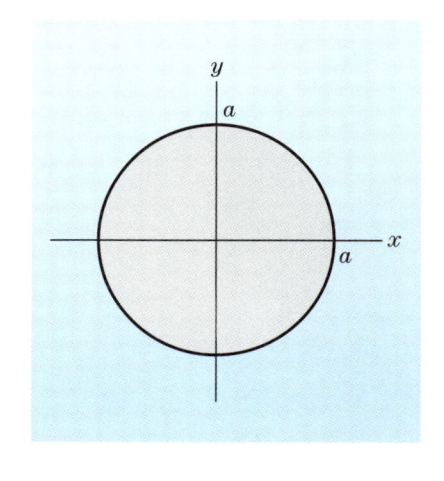

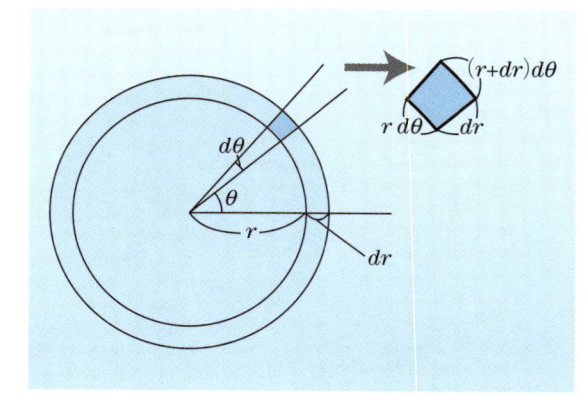

図 3.1　半径 a の円 C

図 3.2　2 次元極座標での微小領域

3.3 微小要素の座標変換

と書くことにすると球の体積は

$$V = \int_S dxdydz \tag{3.7}$$

と書ける．今度は，x, y, z に対する**3 重積分**である．これを計算するには，3 次元の極座標を用いるのが便利である：

$$x = r\sin\theta\cos\varphi, \quad y = r\sin\theta\sin\varphi, \quad z = r\cos\theta. \tag{3.8}$$

3 次元極座標における微小要素は図 3.4 に描いたような「3 次元の微小領域」であり，その体積は $dV = r^2 \sin\theta \, dr d\theta d\varphi$ である．よって

$$V = \int_0^a r^2\,dr \int_0^\pi \sin\theta\,d\theta \int_0^{2\pi} d\varphi \tag{3.9}$$

となる．ここで φ は 0 から 2π まで変わり得るが，θ は 0 から π までであることに注意しなければいけない．この積分を実行すると，

$$V = \left[\frac{r^3}{3}\right]_0^a \times 2 \times 2\pi = \frac{4\pi}{3}a^3.$$

となる[*3]．半径 a の球の体積はこうして求められるのである．

[*3] θ の積分は $\cos\theta = \mu$ と変数変換すると，$\sin\theta\,d\theta = -d\mu$ となるから，簡単に計算できる．

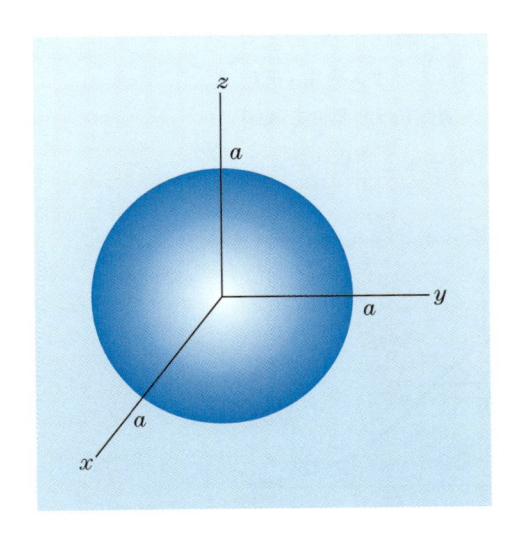

図 3.3　半径 a の球体 S

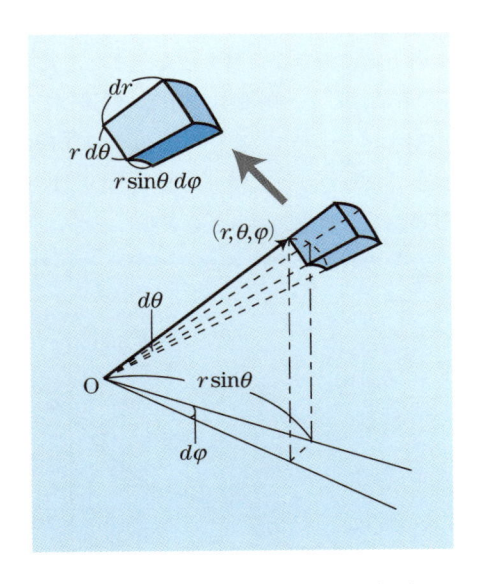

図 3.4　3 次元極座標での微小領域

3.3.3 ガウス積分

次の定積分は**ガウス積分**と呼ばれる．

$$J = \int_{-\infty}^{\infty} e^{-ax^2} dx. \tag{3.10}$$

ただし $a > 0$ である．この定積分の値は，次のようにして求めることができる．

(3.10) の積分変数 x をわざと y と書いて

$$J = \int_{-\infty}^{\infty} e^{-ay^2} dy \tag{3.11}$$

とする．そして (3.10) と (3.11) を辺々かけあわせると

$$J^2 = \int_{-\infty}^{\infty} dx \int_{-\infty}^{\infty} dy \, e^{-a(x^2+y^2)}$$

となる．ここで (x, y) を 2 次元のデカルト座標と思って，それを極座標 (r, θ) に変換してみることにする．極座標 (r, θ) に変換すると，$x^2 + y^2 = r^2$ であり，微小領域の面積は (3.6) で与えたように，$r\,dr\,d\theta$ なので，

$$\begin{aligned}
J^2 &= \int_0^{\infty} dr \int_0^{2\pi} d\theta \, r e^{-ar^2} \\
&= \int_0^{\infty} r e^{-ar^2} \, dr \int_0^{2\pi} d\theta \\
&= \frac{1}{2a} \times 2\pi = \frac{\pi}{a}.
\end{aligned}$$

> ガウス (1777-1855) は 19 世紀前半最大の数学者であり，代数学，解析，幾何学の各方面に大きな貢献をした．また，天文学，測地学，物理学 (特に電磁気学) でも活躍した．測地学の研究に関連して，統計における**ガウス分布 (正規分布)** $p(x) = \frac{1}{\sqrt{2\pi}\sigma} e^{-(x-m)^2/2\sigma^2}$ (m は**平均**，σ は**標準偏差**) の重要性を強調した．上で求めたガウス積分により，これは $\int_{-\infty}^{\infty} p(x) dx = 1$ と規格化されることがわかる．章末問題 3.3 を参照しなさい．

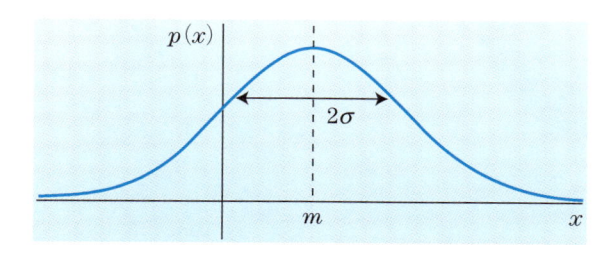

図 3.5 ガウス (正規) 分布関数

ただし，r の積分をするのに例題 3.1(1) の結果を用いた．J は正なので，これより

$$\int_{-\infty}^{\infty} e^{-ax^2} dx = \sqrt{\frac{\pi}{a}} \tag{3.12}$$

と定められる．

3.4 剛体回転する物体の運動エネルギー

図 3.6 のように z 軸の周りに角速度 ω で回転する物体があるとしよう．この物体の回転のエネルギーはいくらであろうか．

最も簡単な場合から始める．図 3.7 のように，物体は大きさが無視できる質量 M の質点であり，回転軸から a だけ離れているとしよう．その物体の**回転速度**は $v = a\omega$ であるから，物体の回転運動の運動エネルギーは

$$E = \frac{1}{2}Mv^2 = \frac{1}{2}M(a\omega)^2 \tag{3.13}$$

となる．**回転運動エネルギー**は一般に ω^2 に比例するので，これを

$$E = \frac{1}{2}I\omega^2 \tag{3.14}$$

と書くことにする．このとき，係数 I のことを**慣性モーメント**と呼ぶ．今の場合は $I = Ma^2$ である．

物体が質点ではなく，拡がりを持った物体ではどうであろうか．まず図 3.8 のように，点 (x, y, z) を中心に 3 辺が dx, dy, dz の直方体の部分だけを切り取って考えてみよう．その直方体の速度は $\omega\sqrt{x^2 + y^2}$ である．この物体の

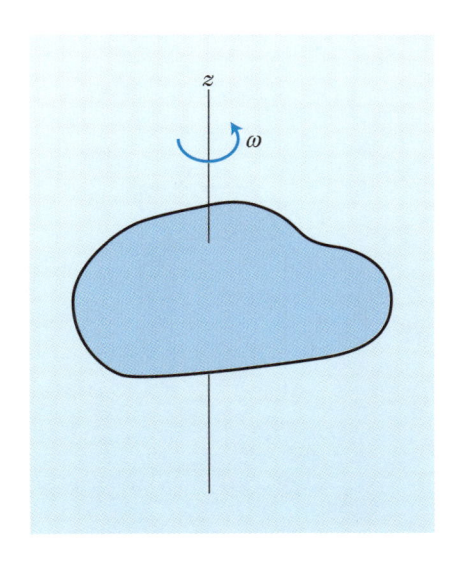

図 3.6 角速度 ω で回転する物体 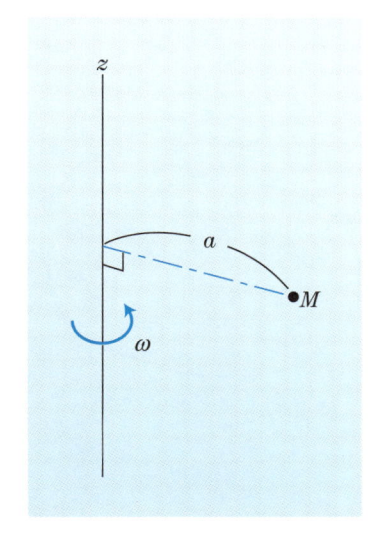　　　図 3.7 回転軸から a だけ離れた質点

密度は一様であり ρ で与えられているとすると，直方体の体積は $dxdydz$ であるから，その質量は $\rho\,dV = \rho\,dxdydz$ である．したがってこの微小部分の運動エネルギーは

$$\frac{1}{2}\rho\,\omega^2\,(x^2+y^2)\,dxdydz$$

となる．物体全体の回転エネルギーは，微小部分の寄与を物体全体で足し合わせればよいから，

$$E = \frac{1}{2}\rho\,\omega^2 \int_V (x^2+y^2)\,dxdydz$$

で表される．積分記号の右下につけた V は，**積分領域**を物体全体とすることを表している．以下で，いくつかの物体に対して，具体的に E を計算してみることにする．いずれの場合も，物体の密度 ρ は一様であるものとする．

3.4.1 角柱の場合

例として，図 3.9 に描いてあるように，断面が $a \times a$ の正方形で長さが L の角柱が，中心軸の周りに回転運動しているときの回転エネルギーを求めてみよう．積分領域は，$0 \leq z \leq L, -a/2 \leq x, y \leq a/2$ であるから，

$$\begin{aligned}
E &= \frac{1}{2}\rho\,\omega^2 \int_0^L dz \int_{-a/2}^{a/2} dx \int_{-a/2}^{a/2} dy\,(x^2+y^2) \\
&= \frac{1}{12}\rho\,\omega^2 a^4 L = \frac{1}{12}Ma^2\omega^2
\end{aligned}$$

となる．ただし，この角柱の質量は $M = \rho \times a^2 L$ であることを用いた．(3.14)

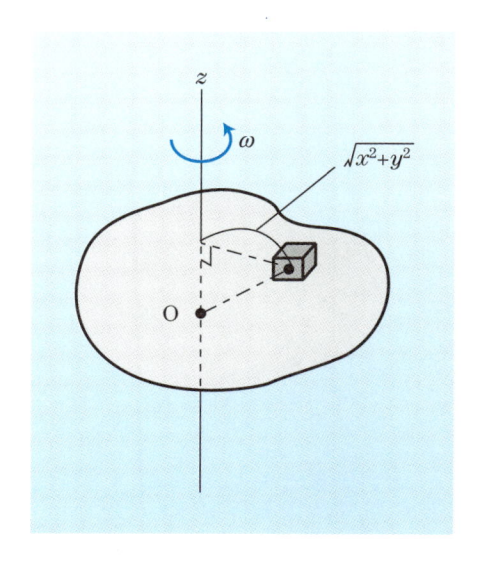

図 3.8　微小領域を切り取る　　　　　図 3.9　角柱の回転

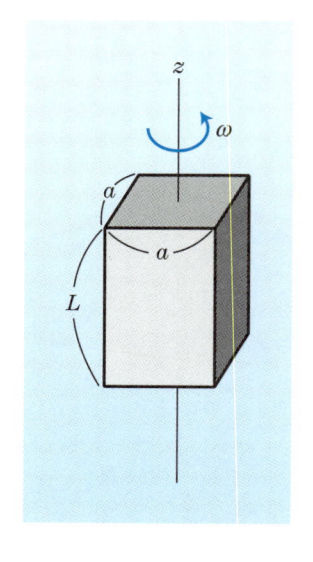

と見比べると，直方体の慣性モーメントは $I = Ma^2/6$ であることがわかる．

3.4.2 円柱の場合

半径が a で，長さが L の円柱が，図 3.10 のように中心軸の周りに回転している場合はどうであろうか．

$$E = \frac{1}{2}\rho\,\omega^2 \int_{x^2+y^2 \leq a^2} (x^2+y^2)dxdy \int_0^L dz. \tag{3.15}$$

この (x,y) の積分は，前節で見たように，極座標 (r,θ) に変換すると簡単になる (章末問題 3.6 を参照)．2 次元極座標での微小面積は $r\,dr d\theta$ であったので

$$\begin{aligned}E &= \frac{1}{2}\rho\omega^2 L \int_0^a r^2 \times r\,dr \int_0^{2\pi} d\theta \\ &= \frac{\pi}{4}\rho\omega^2 a^4 L = \frac{1}{4}Ma^2\omega^2\end{aligned} \tag{3.16}$$

と求められる．ここで，この円柱の質量は $M = \rho \times \pi a^2 L$ であることを用いた．この結果から，円柱の慣性モーメントは $I = Ma^2/2$ であることがわかる．

3.4.3 球の場合

半径が a の球の中心を通る軸の周りの慣性モーメントはどうであろうか (図 3.11)．この場合は，3 次元の極座標を選ぶのが便利である：

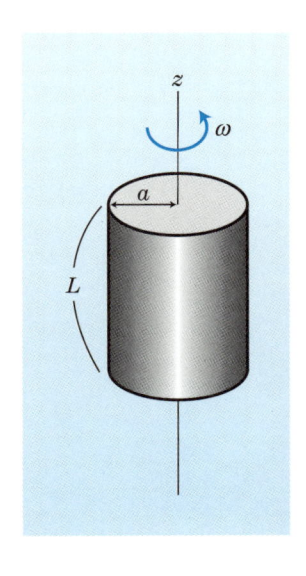

$$x = r\sin\theta\cos\varphi, \quad y = r\sin\theta\sin\varphi, \quad z = r\cos\theta.$$

図 3.10　円柱の回転

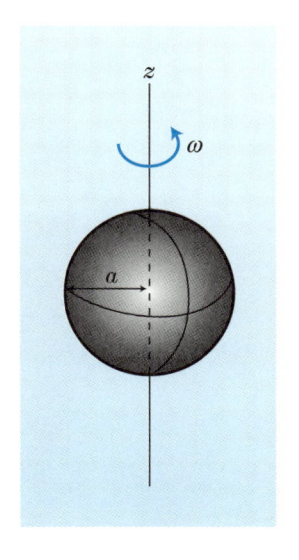

図 3.11　球の回転

すると $dV = r^2 \sin\theta\, drd\theta d\varphi$, $x^2 + y^2 = r^2 \sin^2\theta$ であるから (図 3.4 を参照しなさい),

$$E = \frac{1}{2}\rho\omega^2 \int_0^a r^4 dr \int_0^\pi \sin^3\theta\, d\theta \int_0^{2\pi} d\varphi = \rho\omega^2 \frac{\pi a^5}{5}\int_0^\pi \sin^3\theta\, d\theta.$$

θ の積分をするには, $\cos\theta = \mu$ と変数変換をすればよい. すると $d\mu = -\sin\theta\, d\theta$ となるので,

$$\int_0^\pi \sin^3\theta\, d\theta = \int_1^{-1} \sin^2\theta(-d\mu) = \int_{-1}^1 (1-\mu^2)d\mu = \frac{4}{3}. \tag{3.17}$$

ゆえに, この球の質量は $M = \rho \times 4\pi a^3/3$ であることから,

$$E = \frac{4\pi a^5}{15}\rho\omega^2 = \frac{1}{5}Ma^2\omega^2 \tag{3.18}$$

となる. したがって, 半径 a で質量 M の球の慣性モーメントは $I = 2Ma^2/5$ ということになる.

> **例題 3.3** 今までは回転軸が**重心**を通るような場合を考えた. 図 3.12 のように, 角柱が重心から b だけ離れた軸の周りを回転しているとしよう. このときの回転エネルギーを計算しなさい.

この例題の解答が示すように, 一般に, 回転軸が物体の重心から距離 b だけ離れている場合に回転エネルギーを求めるには, 慣性モーメントとして, 重心の周りに回転するときに求めた慣性モーメントに Mb^2 を加えたものを用いればよい.

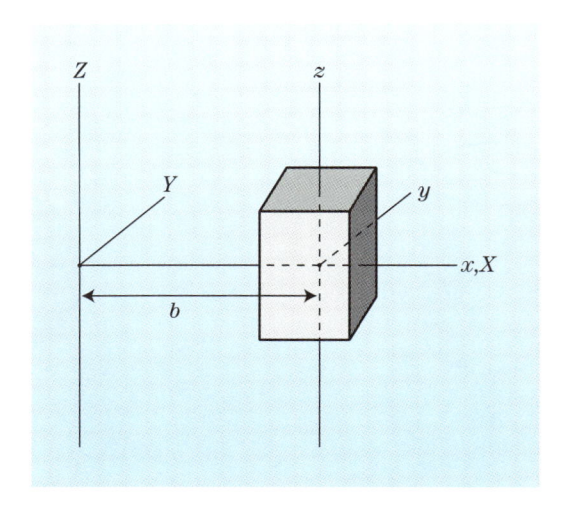

図 3.12 回転軸が重心から離れている場合

3.5 ポテンシャル・エネルギー

物体が持つポテンシャル・エネルギーも積分で表される．

3.5.1 バネのエネルギー

バネ定数 k のバネが平衡の長さから x だけ伸びると，それを縮めようとする力が働き，その大きさは kx で表される．そこでさらに dx だけ伸ばすには

$$kx\,dx$$

の仕事をバネにしてやらなければならない．長さゼロから x まで伸ばすのに必要なエネルギー

$$U(x) = \int_0^x ks\,ds = \frac{1}{2}kx^2$$

をポテンシャル・エネルギーという．バネのポテンシャル・エネルギーは正である．このことは，バネを平衡の長さから x だけ伸ばした状態から，平衡の状態 ($x=0$) にすると，$U(x)$ の分のポテンシャル・エネルギーが解放されることを意味する．解放されたエネルギーは，例えばバネの先端に付いた質量の運動エネルギーに変換される．

3.5.2 重力のエネルギー

質量 M の物体から r だけ離れた所に質量 m の物体がある．そのとき m には

例題 3.3 の解答 図 3.12 にあるように座標系 (X, Y, Z) をとる．微小体積は $dX\,dY\,dZ$ であり，その速度は $\omega^2(X^2 + Y^2)$ であるので

$$E = \frac{1}{2}\rho\omega^2 \int_V (X^2 + Y^2)\,dX\,dY\,dZ$$

である．ここで積分領域 V は角柱全体である．次に図 3.12 にあるように，物体の中心を通る座標系 (x, y, z) をとる．x 軸と X 軸とは重なっている．$X = b + x, Y = y, Z = z$ なので，$(X, Y, Z) \to (x, y, z)$ と変数変換をすると，

$$E = \frac{1}{2}\rho\omega^2 \int_{-a/2}^{a/2} dx \int_{-a/2}^{a/2} \{(x^2 + y^2) + 2bx + b^2\}\,dy \int_0^L dz.$$

ここで，$2bx$ の項は，x について積分すると消えてしまう．結局，

$$E = \frac{1}{12}Ma^2\omega^2 + \frac{1}{2}Mb^2\omega^2 = \frac{1}{2}\omega^2\left(\frac{1}{6}Ma^2 + Mb^2\right)$$

となる．

$$\frac{GmM}{r^2}$$

の引力が働く．もし m を dr だけ遠ざけると，

$$\frac{GmM}{r^2}dr$$

のポテンシャル・エネルギーが増える．

m を r_1 から r_2 に移動させたとき，ポテンシャル・エネルギーは

$$\int_{r_1}^{r_2}\frac{GmM}{r^2}dr = GmM\left(\frac{1}{r_1}-\frac{1}{r_2}\right).$$

だけ増える．これは $U(r_2)-U(r_1)$ と書けるはずなので，積分定数 c を用いて

$$U(r) = -\frac{GmM}{r}+c$$

となる．ポテンシャル・エネルギーの基準はどのようにも選べるが，通常は $r=\infty$ でのポテンシャル・エネルギーをゼロと選ぶ．すると $c=0$ となり，

$$U(r) = -\frac{GmM}{r}$$

という答が得られる．重力は引力であるので，ポテンシャル・エネルギーの符号はマイナスである．

この答えを**星の重力ポテンシャル**の問題に適用しよう．星の半径を R，質量を M としよう．実際の星では，中心に行くほど密度は増加するが，ここでは簡単のために一様であるとする．星の重力エネルギーを計算するために，

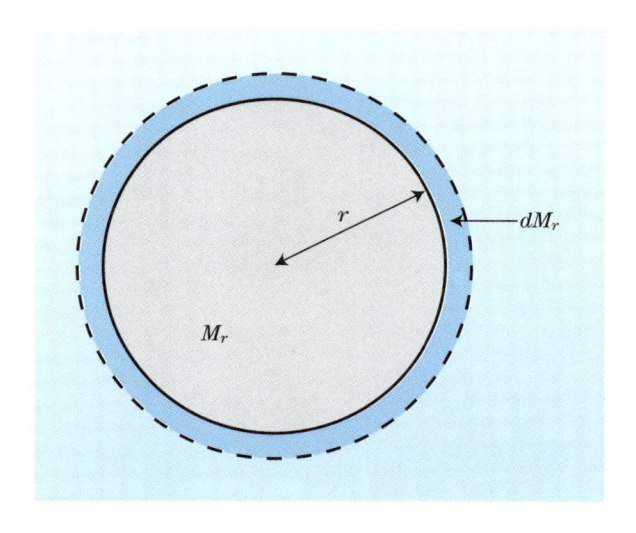

図 3.13 星の半径変化に伴うポテンシャル・エネルギーの変化

図 3.13 のように，半径が r の星に dM_r の質量を付け加える．半径が r のときの星の質量を M_r とすれば，変化したポテンシャル・エネルギーは

$$dU = -\frac{GM_r dM_r}{r}$$

である．

物質を加えていって，最終的に M にするから，それまでのポテンシャル・エネルギーの変化分の総量は

$$U = -\int_0^M \frac{GM_r dM_r}{r} \tag{3.19}$$

である．ただしこの積分を行うとき，r が M_r にしたがって変化することに注意しなければならない．すなわち，質量と半径との間には，密度を ρ (一定) とすると $M_r = \frac{4\pi}{3}\rho r^3$ という関係が成り立っているので，

$$r = \left(\frac{3}{4\pi\rho}\right)^{1/3} M_r^{1/3}$$

である．これを (3.19) に代入すると，

$$U = -\left(\frac{3}{4\pi\rho}\right)^{-1/3} G \int_0^M M_r^{2/3} dM_r = -\frac{3}{5}\left(\frac{3}{4\pi\rho}\right)^{-1/3} GM^{5/3}.$$

ここで $M = 4\pi R^3 \rho/3$ を用いれば，

$$U = -\frac{3}{5}\frac{GM^2}{R} \tag{3.20}$$

となる．

「太陽，白色矮星，中性子星，ブラックホール」 (3.20) の結果を実際の星に適用してみよう．**太陽**では，$M = 2 \times 10^{30}$ kg, $R = 7 \times 10^8$ m であり，**重力定数**は $G = 6.67 \times 10^{-11}$ Nm^{2}kg^{-2} であるので，$U = -2 \times 10^{41}$ J となる．重力エネルギー (3.20) は負であるから，R が減少してますますエネルギーが低い状態に落ち込む働きをする．しかし太陽は収縮せずに，安定に存在している．その理由は，原子の熱運動に伴うエネルギー（圧力といってもよい）が収縮を防いでいるからである．

宇宙にはいろいろな種類の星があり，**白色矮星**は質量は太陽と同じ程度であるのに，半径は太陽の 1/100 程度であり，したがって重力エネルギーは太陽の百倍である．**中性子星**も質量は太陽と同程度であるのに，半径は $R = 2 \times 10^4$ m であるから，重力エネルギーは太陽の 1 万倍である．このような負で，絶対値が非常に大きなポテンシャル・エネルギーを支えているのは，白色矮星では電子の圧力，中性子星では中性子の圧力である．中性子星よりもっと半径が小さな星では重力を支える力がもはや存在せず，半径はどんどん小さくなっていく．そしてついにはブラックホールになってしまうのである．

3.6 数値積分

いままで皆さんが習った積分はたいてい解析的に実行できるものであった．解析的に求められる積分はきれいであるが，その数は限られる．ところが最近は計算機の発達のため，解析的には求められない積分も，容易に数値的に計算できるようになった．計算機関連の講義や演習の科目で数値計算のアルゴリズムを学習するであろうが，ここではちょっと覗き見をしてみる．

次のような定積分

$$I = \int_a^b f(x)dx$$

を考える．もし $f(x)$ が解析的に積分できる関数ならそれを実行すればよい．$f(x)$ がすぐには積分できそうもない関数でも，将来習うことになる複素積分の方法を用いると，定積分が計算できる場合もある．しかし以下では，そのような手法が全く無力な場合を考えることにしよう．

まず区間 $a \leq x \leq b$ を N 等分すると，1区間の幅は

$$h = \frac{b-a}{N}$$

である．i 番目の区間の右端の x 座標を

$$x_i = a + ih$$

と表す．$x_0 = a, x_N = b$ である．$x = x_i$ での関数 f の値は計算できるとして，

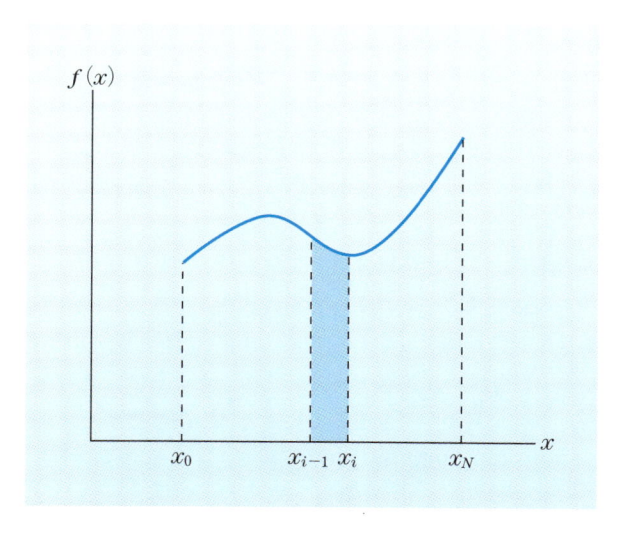

図 3.14 区間に分けて考える．斜線部は区間 i を表す．

3.6 数 値 積 分

$$f(x_i) = f_i$$

とおく．

積分 I は

$$I = \sum_{i=1}^{N} \int_{x_{i-1}}^{x_i} f(x)dx \qquad (3.21)$$

のように書き換えられることに注意して，I を近似的に求める代表的な方法にふれる．ポイントは，図 3.14 に示したように，区間 i $(x_{i-1} \leq x \leq x_i)$ での関数 $f(x)$ の値をどのように近似するかである．

3.6.1 最も単純な方法

区間 i での関数の値を，右端 x_i での値 f_i で近似すると，

$$I_1 = \sum_{i=1}^{N} h f_i.$$

これは図 3.15 のように，i 番目の面積を $f_i h$ と近似したものである．

上式で $h \to 0$ の極限をとれば，定積分の定義そのものになるから，h がゼロの極限では I_1 は正確である．しかし実際の数値計算では h をゼロにすることはできないので，I_1 は I と一致しない．

3.6.2 台形公式

上の近似では，各区間 i の間では関数 f の値は一定値 f_i であるものとして

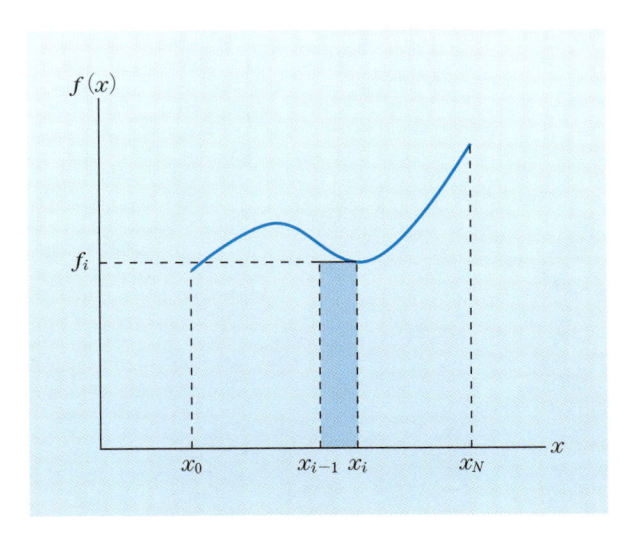

図 3.15 最も単純な数値積分

しまった．しかし図 3.16 のように，f_{i-1} と f_i を結んだ直線で近似する方がより正確であることは明らかである．つまり区間 i の関数を

$$f(x) = f_{i-1} + \frac{f_i - f_{i-1}}{h}(x - x_{i-1})$$

とおくほうがよい．こうすると，

$$\int_{x_{i-1}}^{x_i} f(x)dx = f_{i-1}(x_i - x_{i-1}) + \frac{f_i - f_{i-1}}{2h}(x_i - x_{i-1})^2$$
$$= h\frac{(f_i + f_{i-1})}{2} \qquad (3.22)$$

となるので，これを (3.21) に代入すると，最終的には

$$I_2 = \frac{h}{2}(f_0 + 2f_1 + 2f_2 + \cdots + 2f_{N-1} + f_N)$$

が得られる．この公式は**台形公式**と呼ばれる．その理由は，区間 i を台形として近似し，その面積 (3.22) を用いているからである．

3.6.3 シンプソン公式

区間 i での関数を 2 次曲線で近似する方がよりよいであろう．そのためにここでは，区間を i と $i+1$ というように 2 つずつまとめて扱ってみることにする (図 3.17 参照)．

区間 i と $i+1$ での関数として，$x = x_{i-1}$ で $f = f_{i-1}$，$x = x_i$ で $f = f_i$，$x = x_{i+1}$ で $f = f_{i+1}$ となるような 2 次関数を選びたい．そのような条件を

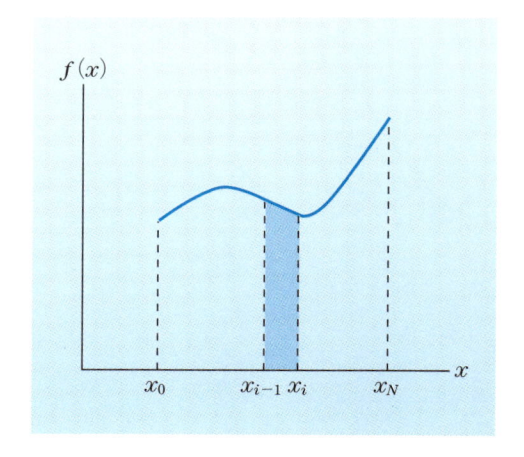

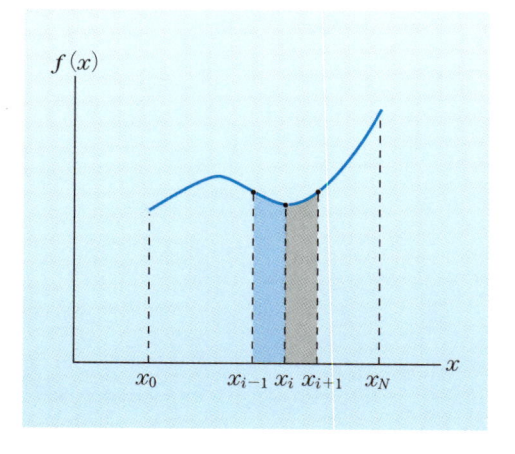

図 3.16　台形公式

図 3.17　シンプソン公式

満たす 2 次式は

$$f(x) = f_{i-1} + \frac{x - x_{i-1}}{h}(f_i - f_{i-1})$$
$$+ \frac{(x - x_{i-1})(x - x_i)}{2h^2}(f_{i+1} + f_{i-1} - 2f_i) \quad (3.23)$$

である．あるいは

$$f(x) = f_{i-1} + \frac{x - x_{i-1}}{2h}(4f_i - 3f_{i-1} - f_{i+1})$$
$$+ \frac{(x - x_{i-1})^2}{2h^2}(f_{i+1} + f_{i-1} - 2f_i) \quad (3.24)$$

でもよい．ここでは (3.24) を用いることにしよう (章末問題 3.10 参照)．そうすると

$$\int_{x_{i-1}}^{x_{i+1}} f(x)dx = \frac{h}{3}[f_{i-1} + 4f_i + f_{i+1}]$$

が導かれる．これを (3.21) に代入して得られる近似公式を**シンプソンの公式**と呼ぶ．

シンプソンの公式を適用するには，分割を偶数個にしなければならない．N が偶数のとき，シンプソンの近似公式は

$$I_3 = \frac{h}{3}\big[f_0 + f_N + 4(f_1 + f_3 + \cdots + f_{N-1})$$
$$+ 2(f_2 + f_4 + \cdots + f_{N-2})\big]$$

で与えられる．

「**数値積分の公式のまとめ**」　定積分

$$I = \int_a^b f(x)dx$$

は，$h = (b-a)/N$, $x_i = a + ih$ として，$f(x_i) = f_i$ と略記すると，次の式で近似できる．

単純な数値積分公式　$I_1 = \sum_{i=1}^{N} h f_i$

台数公式　$I_2 = \dfrac{h}{2}(f_0 + 2f_1 + 2f_2 + \cdots + 2f_{N-1} + f_N)$

シンプソン公式　$I_3 = \dfrac{h}{3}\big[f_0 + f_N + 4(f_1 + f_3 + \cdots + f_{N-1})$
$\qquad\qquad\qquad + 2(f_2 + f_4 + \cdots + f_{N-2})\big]$

3.7　章末問題

3.1　$v(t) = v_0 + \sin\omega t$ で与えられるとき，時刻 0 から，t までの間に進む距離はいくらであるか．

3.2　ガウス積分 (3.12) を用いて次の設問に答えなさい．
(1) (3.12) の両辺を a で微分してみなさい．その結果を利用して
$$J[2] = \int_{-\infty}^{\infty} x^2 e^{-ax^2} dx$$
を求めなさい．
(2) 同様にして
$$J[4] = \int_{-\infty}^{\infty} x^4 e^{-ax^2} dx$$
を求めなさい．
(3) $n = 0, 1, 2, \cdots$ に対して
$$J[2n] = \int_{-\infty}^{\infty} x^{2n} e^{-ax^2} dx$$
と定義する．すると
$$\frac{d}{da} J[2n] = -J[2(n+1)] \qquad (n = 0, 1, 2, \cdots)$$
が成り立つことを導きなさい．
(4) 一般に
$$J[2n] = \frac{(2n-1)!!}{2^n} \sqrt{\frac{\pi}{a^{2n+1}}} \qquad (n = 0, 1, 2, \cdots) \qquad (3.25)$$
であることを，n に関する数学的帰納法によって証明しなさい．ただし，$n \geq 1$ に対して，$(2n-1)!! = (2n-1)(2n-3)(2n-5)\cdots 3 \cdot 1$ である．また，$(-1)!! = 1$ とする．

3.3　変数 X の値は**ランダム**であり，その値が $x \leq X \leq x + dx$ である確率が
$$p(x)dx = \frac{1}{\sqrt{2\pi}\sigma} e^{-(x-m)^2/2\sigma^2} dx$$
で与えられているものとする．ただし，m と σ は定数である．この確率分布はガウス分布あるいは正規分布と呼ばれる．このとき，変数 X の関数 $f(X)$ の**平均値** (期待値といってもよい) を $\langle f(X) \rangle$ と書くことにすると，その値は
$$\langle f(X) \rangle = \int_{-\infty}^{\infty} f(x) p(x) dx$$
という定積分で定義される．

(1) $\langle 1 \rangle = 1$ であることを確かめなさい．
(2) X の平均値 $\langle X \rangle$ を求めなさい．
(3) $\langle X^2 \rangle$ を求めなさい．
(4) $\hat{\sigma} > 0$ を $\hat{\sigma}^2 = \langle X^2 \rangle - \langle X \rangle^2$ で定義する．$\hat{\sigma}$ を求めなさい．
(5) 次の等式が成り立つことを説明しなさい．
$$\langle (X - \langle X \rangle)^2 \rangle = \langle X^2 \rangle - \langle X \rangle^2.$$

3.4
$$\int_{-\infty}^{\infty} dx \int_{-\infty}^{\infty} dy \int_{-\infty}^{\infty} dz \ e^{-a(x^2+y^2+z^2)}$$
を計算しなさい．ただし，$a > 0$ である．

3.5
$$\int_{-\infty}^{\infty} dx \int_{-\infty}^{\infty} dy \int_{-\infty}^{\infty} dz \ e^{-a\sqrt{x^2+y^2+z^2}}$$
を計算しなさい．ただし，$a > 0$ である．

3.6 (3.15) において，デカルト座標のままで積分を実行しなさい．すなわち
$$E = \rho \omega^2 \int_{-a}^{a} dx \int_{-\sqrt{a^2-x^2}}^{\sqrt{a^2-x^2}} y^2 dy \int_{0}^{L} dz$$
という3重積分を計算しなさい．

3.7 新聞紙の上のある点を中心に密度 $n(r)$ で対称的に砂がある．新聞紙上の砂の数はどのように表されるか．特に $n(r) = c \exp(-kr^2)$ (ただし $c, k > 0$) であるときには，それはいくらであるか．

3.8 図 3.18 のような底面積 S, 高さ h の物体がある．この物体の体積は $hS/3$ であることを示しなさい．

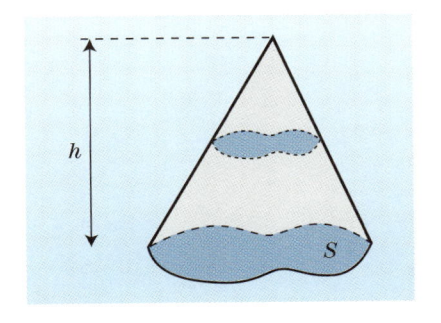

図 3.18 物体の体積

3.9 表と裏が 1 辺 a の正方形で，厚さが b，重さが M の直方体がある．ただし，密度は一様であるとする．

(1) 図 3.19 の左図のように，直方体の中心を通る軸の周りの慣性モーメントを求めなさい．

(2) 次に図 3.19 の右図のように，直方体の 1 辺を通る軸の周りの慣性モーメントを求めなさい．

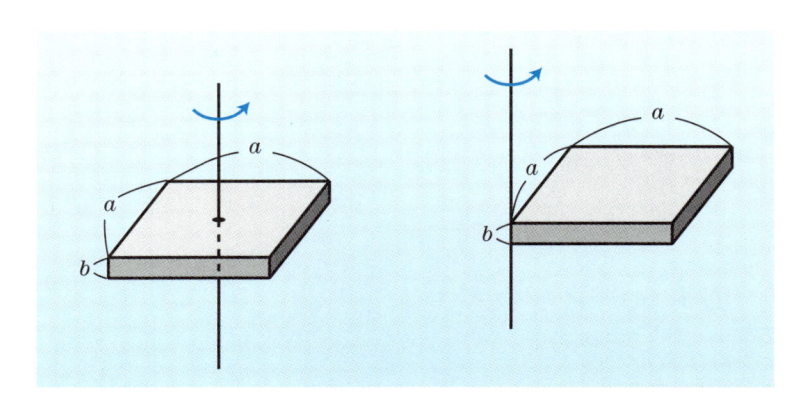

図 3.19 直方体の慣性モーメント

3.10 (3.23) が条件 $x = x_{i-1}$ で $f = f_{i-1}$，$x = x_i$ で $f = f_i$，$x = x_{i+1}$ で $f = f_{i+1}$ を満たすことを確かめなさい．また (3.24) も確かめなさい．

3.11 $f(x) = \sin \pi x$ を $0 \leq x \leq 1$ で積分した値を，(1) 解析的に積分したものと，(2) $h = 0.1$ として 3.6 節で述べた 3 つの方法を用いて数値的に求めたものとを比べなさい．h をどれくらい小さくとれば，シンプソンの結果と正確な結果が 3 桁まで等しくなるだろうか．

微 分 方 程 式

　物理で微分が不可欠なのは，我々は物体の運動や回路に流れる電流の時間変化など動的な現象に興味があり，それらの現象は微分方程式によって記述されるからである．微分方程式を解くということは積分を行うということである．ただし，我々はあくまで物理の問題を解いているのであるから，与えられた初期条件を満たす解を得なければならない．このことは，不定積分ではなくきちんと積分区間を定めた定積分をしなければならないことを意味する．

　この章では，具体的な物理の問題をいくつも扱うことにより，微分方程式の立て方と解き方をしっかりと学んでもらう．非線形微分方程式についても少しだけ勉強してみよう．また，物理で重宝される保存則と微分方程式との関係も理解してもらう．

本章の内容

力学で現れる簡単な微分方程式
電気回路の問題
非線形微分方程式
微分方程式とエネルギー保存則
電気回路における保存則
章末問題

4.1　力学で現れる簡単な微分方程式

まずは，物体の運動を記述するために使われる簡単な**微分方程式**について，ひととおり勉強してみよう．

4.1.1　重力下での物体の運動

重力の下での運動を考えよう．図 4.1 のように鉛直下向きに z をとると，質量 m の物体の座標 z の満たすべき運動方程式は

$$m\frac{d^2z}{dt^2} = mg \tag{4.1}$$

で与えられる．この式を 0 から t まで積分する：

$$\int_0^t \frac{d^2z}{ds^2}ds = \int_0^t g\,ds.$$

紛らわしくないように，積分変数を t ではなく s とした．左辺は 2 階微分であるから，その積分は dz/ds になるし，右辺は g が時間 s によらないからこれも簡単に積分できて，

$$\left[\frac{dz}{ds}\right]_0^t = g\,[s]_0^t.$$

したがって

$$\frac{dz}{dt} - w_0 = gt. \tag{4.2}$$

ここで w_0 は初期の速度である．もう一度 (4.2) を積分すると，

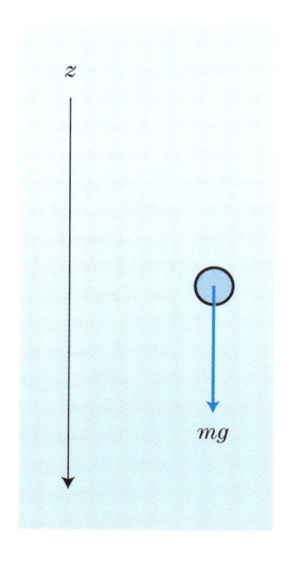

図 4.1　重力下での物体の運動

4.1 力学で現れる簡単な微分方程式

$$[z]_0^t - w_0 t = \frac{1}{2}gt^2$$

となり，これより

$$z(t) = z_0 + w_0 t + \frac{1}{2}gt^2$$

という，よく知られた**自由落下**の結果が得られる．ここで z_0 と w_0 は $t = 0$ での物体の位置と速度である．初期の状態を表す変数が 2 個出てくる理由は，(4.1) の方程式が 2 階の微分方程式であるからである．

4.1.2 抵抗力を受けて落下する物体の運動

「質量 m の物体が速度の大きさに比例する抵抗を受けて空気中を落下する．初速度を 0 とするとき，以後の物体の速度と位置を決定しなさい．」このように，速度の大きさに比例する空気抵抗を**粘性抵抗**という．この問題を，以下の誘導にしたがって解いてみよう．

鉛直下向きに z 軸をとると，速度 v は

$$v = \frac{dz}{dt}$$

である．抵抗は速度の大きさに比例しているので，これを $-av$(ただし a は正の比例定数) とおくと

$$m\frac{dv}{dt} = mg - av \tag{4.3}$$

という微分方程式を得る (図 4.2 参照)．この微分方程式を $t = 0$ で $v = 0$ という初期条件の下で解けばよいことになる．

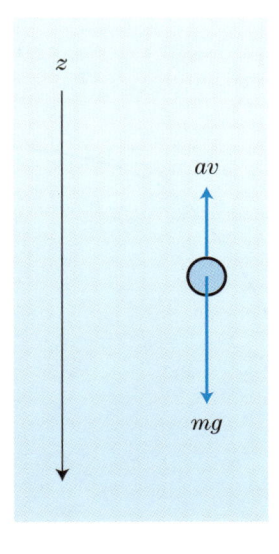

図 4.2 空気の抵抗を受けて落下する物体

(4.3) は

$$\frac{dv}{(mg/a) - v} = \frac{a}{m} dt \tag{4.4}$$

というように書き直せる．このように書き直すと，左辺は時刻 t は現れず速度 v だけの式となり，右辺は時刻 t だけの式であり v は現れないようになっている．このような書き換えを**変数分離**という．左辺を v について，右辺を t についてそれぞれ積分する．初期条件は $t = 0$ で $v = 0$ なので，

$$\int_0^v \frac{du}{(mg/a) - u} = \frac{a}{m} \int_0^t ds$$

である．定積分を実行すると

$$-\left\{\log\left[\frac{mg}{a} - v\right] - \log\frac{mg}{a}\right\} = \frac{a}{m} t$$

なので，答は

$$v = \frac{mg}{a}\left(1 - e^{-at/m}\right) \tag{4.5}$$

と定められる．$at/m \ll 1$ では，指数関数のテイラー展開の公式 (2.11) より $e^{-at/m} \simeq 1 - at/m$ なので，(4.5) より $v \simeq \frac{mg}{a}(1 - 1 + at/m) = gt$ である．つまり，初期は自由落下するのである．他方，$t \to \infty$ で $e^{-at/m} \to 0$ である．よって，$\lim_{t\to\infty} v(t) = \frac{mg}{a}$ となることがわかる．この定常値 $v_\infty \equiv \frac{mg}{a}$ は**終端速度**と呼ばれる．図 4.3 に $v(t)$ の t 依存性を図示した．

位置 $z(t)$ は (4.5) を t に関して積分すれば求まる．$t = 0$ での z 座標を z_0 とすると，

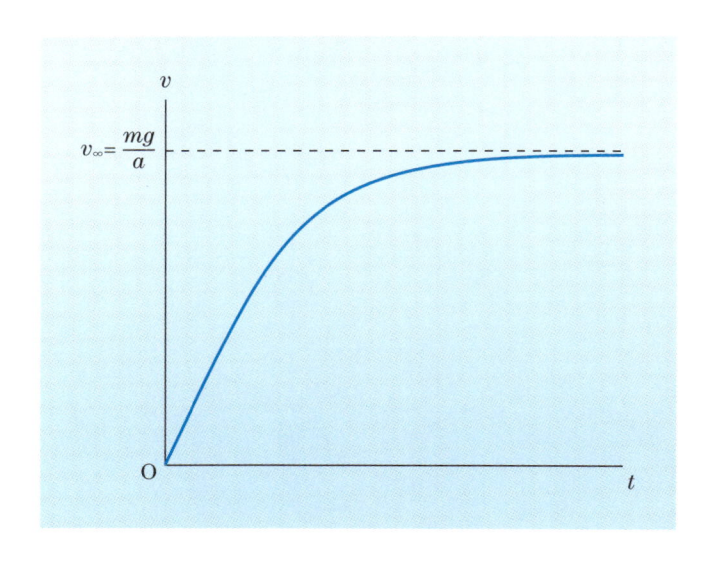

図 4.3 抵抗が速度に比例するときの，速度の時間依存性

$$[z]_{z_0}^{z} = \frac{mg}{a} \int_0^t \left(1 - e^{-as/m}\right) ds$$

である．定積分を実行すると

$$z - z_0 = \frac{mg}{a} \left\{ t + \frac{m}{a} \left[e^{-as/m}\right]_0^t \right\}$$

となるので，

$$z = z_0 + \frac{m^2 g}{a^2} \left(-1 + \frac{a}{m} t + e^{-at/m}\right)$$

と求められる．

例題 4.1 飛行機からスカイダイビングするときには，空気から受ける抵抗は速度の 2 乗に比例する．このような抵抗を**慣性抵抗**という．慣性抵抗を bv^2(b は正の定数) と書くことにすると，鉛直下向きに z 軸をとったときの速度 v の微分方程式は

$$m \frac{dv}{dt} = mg - bv^2 \tag{4.6}$$

である．
(1) 終端速度を求めなさい．
(2) (4.6) の微分方程式を，$t = 0$ で $v = 0$ の初期条件の下で解きなさい．

例題 4.1 の解答 (1) $t \to \infty$ で $v(t)$ が一定になったとしてこれを v_∞(終端速度) と書くことにすると，$m \dfrac{dv_\infty}{dt} = 0$ なので，(4.6) より $mg - bv_\infty^2 = 0$ である．よって，$v_\infty = \sqrt{mg/b}$ と求められる．
(2) 微分方程式を変数分離すると，

$$\frac{dv}{(mg/b) - v^2} = \frac{b}{m} dt$$

を得る．ここで，左辺を**部分分数**に分解すると，

$$\frac{1}{2v_\infty} \left[\frac{1}{v_\infty - v} + \frac{1}{v_\infty + v}\right] dv = \frac{b}{m} dt$$

となる．ただし，(1) で求めた v_∞ を用いて表した．右辺を時刻 $t = 0$ から t まで積分する．この間速度は $v = 0$ から v まで変化したとして，両辺を積分する．

$$\int_0^v \frac{1}{2v_\infty} \left[\frac{1}{v_\infty - u} + \frac{1}{v_\infty + u}\right] du = \int_0^t \frac{b}{m} ds.$$

これより，$(1/2v_\infty) \log\{(v_\infty + v)/(v_\infty - v)\} = (b/m)t$ が得られる．変形すると，$v = v_\infty \tanh(gt/v_\infty)$ を得る．

4.1.3 バネに束縛された物体の運動

バネ定数 k のバネに固定された質量 m の物体の平衡点からの変位の大きさ x の方程式は

$$m\frac{d^2x}{dt^2} = -kx \tag{4.7}$$

と書ける．この微分方程式の両辺を機械的に積分して，

$$\frac{dx}{dt} - u_0 = -\frac{k}{m}\int_0^t x\,ds. \tag{4.8}$$

というように書いてみても意味がない．この右辺の積分は xt ではないからである．x が定数ならそうなるのであるが，x は時間の関数である．（つまり，(4.8) の中の x は $x(s)$ である．）したがって $x(s)$ の時間依存性がわからないと積分できないのである．

(4.7) の答えのヒントは，

$$\frac{d}{dx}\sin\omega x = \omega\cos\omega t, \qquad \frac{d}{dx}\cos\omega x = -\omega\sin\omega x$$

である．つまり $\sin x$ と $\cos x$ は 2 回微分すると，マイナスが付いて元に戻る関数であることを思い出すのである．そうすれば (4.7) の答えは $\omega = \sqrt{k/m}$ としたとき $\sin\omega t$ と $\cos\omega t$ で与えられることがわかるであろう．$\sin\omega t$ と $\cos\omega t$ とが (4.7) の解なら，それらの和も解である．さらには，$\sin\omega t$ を適当に a 倍したものに $\cos\omega t$ を b 倍したものを加えても解であるはずである（例題 4.2(1) の解答を参照）．つまり，

例題 4.2 の解答 (1) (4.9) の両辺を t で微分すると，

$$x'(t) = a\omega\cos\omega t - b\omega\sin\omega t.$$

もう一度微分すると

$$x''(t) = -a\omega^2\sin\omega t - b\omega^2\cos\omega t = -\omega^2(a\sin\omega t + b\cos\omega t)$$

であるから，$x''(t) = -\omega^2 x(t)$．ゆえに $\omega = \sqrt{k/m}$ なら，(4.7) の解である．$t=0$ とすると $x(0) = b = x_0$，$x'(0) = \omega a = v_0$ なので $a = v_0/\omega$，$b = x_0$ と定まる．

(2)
$$(e^{i\omega t})'' = (i\omega e^{i\omega t})' = -\omega^2 e^{i\omega t}, \quad (e^{-i\omega t})'' = (-i\omega e^{-i\omega t})' = -\omega^2 e^{-i\omega t}$$

なので，$\omega = \sqrt{k/m}$ であれば，(4.10) も (4.7) の解である．(4.10) より，$x(0) = \alpha + \beta = x_0, x'(0) = i\omega(\alpha - \beta) = v_0$ なので，$\alpha = (x_0 - iv_0/\omega)/2$，$\beta = (x_0 + iv_0/\omega)/2$ と求まる．

4.1 力学で現れる簡単な微分方程式

$$x(t) = a\sin\omega t + b\cos\omega t \quad \left(\text{ただし } \omega = \sqrt{\frac{k}{m}}\right) \tag{4.9}$$

が (4.7) の一般解である．**一般解**とは，特定の初期条件に対してでなく，一般的に成り立つ解という意味である．2個の**未定係数** a と b は x の**初期条件**，すなわち $t=0$ での x と dx/dt の大きさに応じて定まる．

例題 4.2 バネ振動の式 (4.7) を考える．ただし，初期条件は $t=0$ で $x = x_0, v = \dfrac{dx}{dt} = v_0$ とする．

(1) 一般解 (4.9) は確かに (4.7) の解であることを示し，初期条件を満たすように係数 a, b を定めなさい．

(2) 微分方程式 (4.7) の一般解は

$$x = \alpha e^{i\omega t} + \beta e^{-i\omega t} \quad \left(\text{ただし } \omega = \sqrt{\frac{k}{m}}\right) \tag{4.10}$$

とも表されることを示しなさい．そして係数 α, β を，初期条件を満たすように定めなさい．

(3) 設問 (1) で定めた解と，設問 (2) で定めた解とは，等しいはずである．このことから**オイラーの公式** $e^{i\theta} = \cos\theta + i\sin\theta$ を導きなさい．

---

(3) 2つの解を等しいとおくと

$$\frac{v_0}{\omega}\sin\omega t + x_0\cos\omega t$$
$$= \frac{1}{2}\left(x_0 - i\frac{v_0}{\omega}\right)e^{i\omega t} + \frac{1}{2}\left(x_0 + i\frac{v_0}{\omega}\right)e^{-i\omega t}$$

を得る．これは

$$\frac{v_0}{\omega}\left[\sin\omega t - \frac{1}{2i}(e^{i\omega t} - e^{-i\omega t})\right] + x_0\left[\cos\omega t - \frac{1}{2}(e^{i\omega t} + e^{-i\omega t})\right] = 0$$

と書き直せるが，これが任意の初期条件 x_0, v_0 に対して成り立つので

$$\sin\omega t = \frac{1}{2i}(e^{i\omega t} - e^{-i\omega t})$$
$$\cos\omega t = \frac{1}{2}(e^{i\omega t} + e^{-i\omega t})$$

という恒等式を得る．この2式の (上式) $\times i +$ (下式) よりオイラーの公式を得る．

4.2 電気回路の問題

4.2.1 RC 回路

電気回路に流れる電流の大きさも微分方程式で書かれる．図 4.4 のようにキャパシタンス C のコンデンサー（キャパシターともいう）と R の抵抗と起電力 $E(t)$ の電源が直列につながれている回路を考える．このような回路は**直列 RC 回路**と呼ばれる．この回路を流れる電流の方程式を導くことにしよう．

コンデンサーに貯まっている電荷を $Q(t)$ とする．プラスとマイナスの電荷が 2 枚の極板にあるのがコンデンサーであるから，どちらの極板の電荷が $Q(t)$ であるかに気をつけなければいけない．ここでは，電流が流れ込む上流側の極板に $Q(t)$ が貯まっているとしよう．そうすると，電荷 $Q(t)$ が増加すると電流がコンデンサーに流れ込むことになるから，$I(t)$ を図 4.4 の向きに選べば

$$I(t) = \frac{dQ(t)}{dt} \tag{4.11}$$

である．コンデンサーの両端の電圧は $V = Q(t)/C$ であり，上流側の電圧が高い．したがって抵抗にかかる電圧は，電池の起電力 $E(t)$ からコンデンサーの両端の電圧を引いた値である．これより

$$RI(t) = E(t) - V = E(t) - \frac{Q(t)}{C}$$

という等式が得られる．そして (4.11) を代入すると，$Q(t)$ に対する次のよ

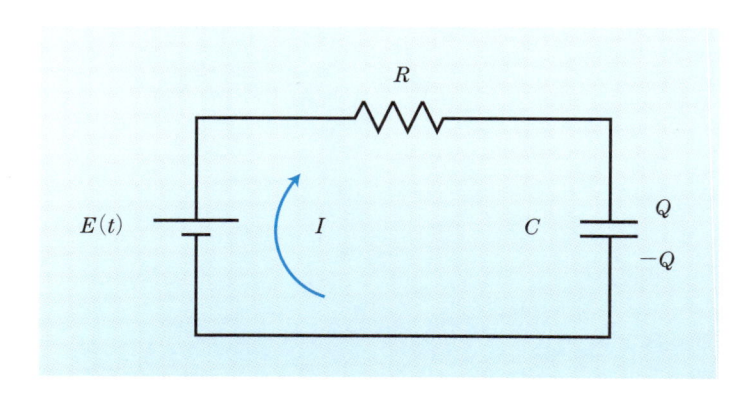

図 4.4 直列 RC 回路

うな微分方程式
$$\frac{dQ(t)}{dt} + \frac{1}{RC}Q(t) = \frac{E(t)}{R} \tag{4.12}$$
が導かれる．電流に対する微分方程式が欲しければ，(4.12) の両辺を時間 t で微分すればよい．(4.11) を用いれば，
$$\frac{dI(t)}{dt} + \frac{I(t)}{RC} = \frac{1}{R}\frac{dE(t)}{dt}$$
という微分方程式が得られる．

電源が直流で，一定の電圧 E_0 をもつものとしよう．この場合は最終的には回路を流れる電流はゼロで，コンデンサーの両端の電圧が E_0 となるように，コンデンサーの電荷は
$$Q = CE_0$$
となる．すなわち (4.12) の解は，$t \to \infty$ でこの値になるはずである．このことは微分方程式に頼らなくても得られる．しかし，図 4.5 に示したように，時間が経つに連れて $Q(t)$ がどのように CE_0 に近づくのかを知るためには，微分方程式を解くことが必要になる．

この方程式を解くには次のようにする．まず**同次方程式**
$$\frac{dQ(t)}{dt} + \frac{1}{RC}Q(t) = 0 \tag{4.13}$$
を解く．この一般解は
$$Q(t) = P\exp\left(-\frac{1}{RC}t\right). \tag{4.14}$$

「**微分方程式の分類**」(4.12) は 1 階微分までで表され，2 階以上の高階微分は必要ない．このため 1 階微分方程式と呼ばれる．またこの方程式には $Q(t)$ と $Q(t)$ の導関数の 1 次式のみで書けるので，**線形微分方程式**と呼ばれる．(4.12) の左辺は $Q(t)$ やその導関数を含む項からなり，右辺はそれ以外の項からなっている．このように左辺と右辺を分けたとき，右辺がゼロのときは同次方程式と呼ばれ，(4.12) のようにゼロではない場合には**非同次方程式**と呼ばれる．以上をまとめていうと，(4.12) は「1 階非同次線形微分方程式」ということになる．

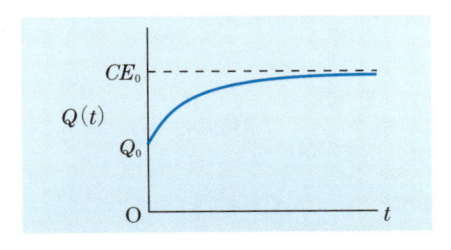

図 4.5 電荷 $Q(t)$ の時間変化の様子

である．ここで P は定数であるが，非同次方程式を解くには，この定数を時間の関数とみなして $P(t)$ とし

$$Q(t) = P(t) \exp\left(-\frac{1}{RC}t\right) \tag{4.15}$$

とおくのがコツである．これを**定数変化法**という．(4.15) を (4.12) に代入すると，

$$\frac{dP(t)}{dt} = \frac{E(t)}{R} \exp\left(\frac{1}{RC}t\right)$$

が導かれる．したがって $P(t)$ は簡単に求められて，

$$P(t) = \int_0^t \frac{E(s)}{R} \exp\left(\frac{1}{RC}s\right) ds + A$$

となるので，

$$Q(t) = \int_0^t \frac{E(s)}{R} \exp\left(-\frac{1}{RC}(t-s)\right) ds + A \exp\left(-\frac{1}{RC}t\right) \tag{4.16}$$

となる．A は初期にコンデンサーの電荷がどのように与えられていたかにより決定される．もしも初期の電荷が Q_0 ならば，$A = Q_0$ と定まるので，

$$Q(t) = \int_0^t \frac{E(s)}{R} \exp\left(-\frac{1}{RC}(t-s)\right) ds + Q_0 \exp\left(-\frac{1}{RC}t\right)$$

が (4.12) の解ということになる．特に，電池の電位 $E(t)$ が時間によらずに一定で E_0 である場合は，第 1 項の積分はすぐにできて

「時定数」 解 (4.16) の第 1 項を**特殊解** (特解ともいう) といい，第 2 項を一般解と呼ぶ．一般解は同次方程式 (4.13) の解になっていることを確かめて欲しい．初期値の影響は $\tau = RC$ ほどの時間の後になくなる．τ をこの回路の**時定数**と呼ぶ．したがって特殊解は回路が定常状態に落ち着いた後の電荷の大きさを決め，一般解は**定常状態**に至るまでの**遷移状態**を表すのである．

例題 4.3 の解答 (1) (4.17) で $Q_0 = 0$ とすれば $Q(t) = CE_0(1 - e^{-t/RC})$ と求められる．
(2) $t > T$ のときには，(4.12) の右辺はゼロなので，解は B を定数として，$Q(t) = Be^{-t/RC}$ の形である．この解は $t = T$ で (1) の解と連続であるはずなので，$CE_0(1 - e^{-T/RC}) = Be^{-T/RC}$ が成り立ち，定数 B は $B = CE_0(e^{T/RC} - 1)$ と定まる．

$$Q(t) = CE_0 \left(1 - \exp\left(-\frac{t}{RC}\right)\right) + Q_0 \exp\left(-\frac{1}{RC}t\right) \tag{4.17}$$

となる．$Q_0 < CE_0$ のときの $Q(t)$ の振舞いを図 4.5 に示した．(4.11) の関係があるので，この直列 RC 回路に流れる電流 $I(t)$ は，(4.17) を t で微分すれば

$$I(t) = \frac{1}{RC}(CE_0 - Q_0) \exp\left(-\frac{1}{RC}t\right)$$

と求められる．

図 4.4 の直列 RC 回路にスイッチを直列につなぐ．時刻 $t=0$ にスイッチを入れて電流を流し始めて，しばらくしてから $t=T$ で電池をはずしたとしよう．このような場合には，コンデンサーに貯まっている電荷 $Q(t)$ はどのような時間変化をするのであろうか．電池の電位が一定値の場合について，次の例題で考えてみよう．

例題 4.3 直列 RC 回路を考える．$T > 0$ を定数として

$$E(t) = \begin{cases} E_0 = \text{一定} & 0 \leq t \leq T \text{ のとき} \\ 0 & t > T \text{ のとき} \end{cases} \tag{4.18}$$

とする．また $Q(0) = 0$ とする．
(1) $0 \leq t \leq T$ のときの $Q(t)$ を求めなさい．
(2) $t > T$ のときの $Q(t)$ を求めなさい．
(3) $0 \leq t < \infty$ に対して，$Q(t)$ のグラフを描きなさい．

---

(3) $0 \leq t \leq T$ のとき，$\dfrac{dQ(t)}{dt} = \dfrac{E_0}{R} e^{-t/RC} > 0$, $\dfrac{d^2 Q(t)}{dt^2} = -\dfrac{E_0}{R^2 C} e^{-t/RC} < 0$. 他方，$t > T$ のときは $\dfrac{dQ(t)}{dt} = -\dfrac{E_0}{R}(e^{T/RC} - 1)e^{-t/RC} < 0$, $\dfrac{d^2 Q(t)}{dt^2} = \dfrac{E_0}{R^2 C}(e^{T/RC} - 1)e^{-t/RC} > 0$. 以上より，$0 \leq t \leq T$ では $Q(t)$ は t の単調増加関数であり上に凸，$t > T$ では単調減少関数で下に凸，$Q(0) = 0$ であり，$\lim_{t \to \infty} Q(t) = 0$ であることがわかった．よってグラフは図 4.6 のように描ける．

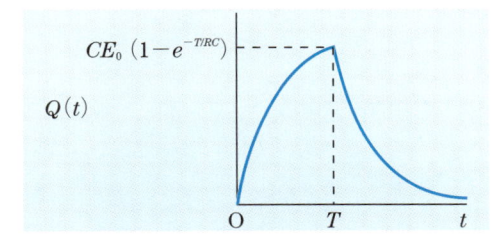

図 4.6　例題 4.3(3) の答え：$Q(t)$ のグラフ

4.2.2 LCR 回路

4.2.1 節で取り上げた RC 回路にリアクタンス L を直列につなぐと, 図 4.7 のような **LCR 回路**が得られる.

回路を流れる電流 I を決める微分方程式は,

$$L\frac{d^2 I}{dt^2} + R\frac{dI}{dt} + \frac{I}{C} = \frac{dE(t)}{dt} \tag{4.19}$$

という **2 階線形微分方程式**になる (右ページのコラムを参照). まず同次方程式

$$L\frac{d^2 I}{dt^2} + R\frac{dI}{dt} + \frac{I}{C} = 0 \tag{4.20}$$

を解く. この解は指数関数で表されることが次のようにしてわかる. まず, c, λ を定数として $I = ce^{\lambda t}$ とおいてみる. そしてこれを同次式 (4.20) に代入すると,

$$L\lambda^2 + R\lambda + \frac{1}{C} = 0 \tag{4.21}$$

という λ の満たすべき方程式が得られる. この解は

$$\lambda_1 = -\frac{R}{2L} + \frac{R}{2L}\sqrt{1 - \frac{4L}{R^2 C}}, \quad \lambda_2 = -\frac{R}{2L} - \frac{R}{2L}\sqrt{1 - \frac{4L}{R^2 C}}. \tag{4.22}$$

の 2 種類あるので, 一般解はその 2 つを重ね合わせた

$$I = c_1 e^{\lambda_1 t} + c_2 e^{\lambda_2 t} \tag{4.23}$$

である. ここで c_1, c_2 は t によらない定数である.

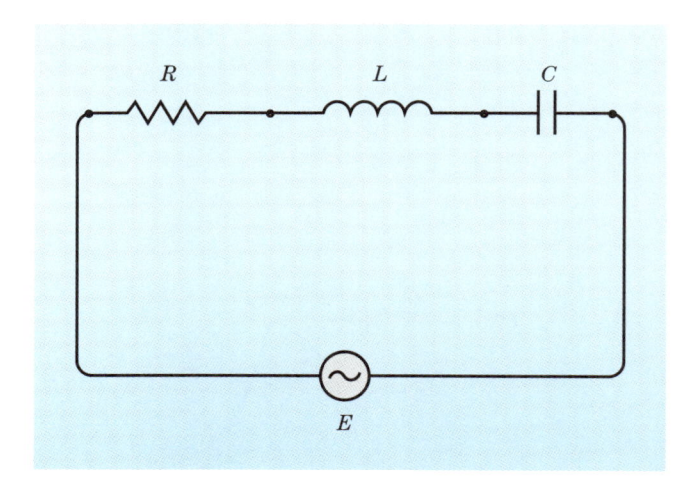

図 4.7 LCR 回路

特解はどのように求められるであろうか．前に述べた定数変化法を用いることにしよう．すなわち (4.23) において，c_1, c_2 が t によると考えるのである．ただし，c_1, c_2 は完全に任意の関数とせずに，それらの間に次の関係を仮定する．

$$c_1' e^{\lambda_1 t} + c_2' e^{\lambda_2 t} = 0. \tag{4.24}$$

ここで，c_1', c_2' は，それぞれ c_1, c_2 を t で微分したものである．すると (4.23) より

$$I' = \lambda_1 c_1 e^{\lambda_1 t} + \lambda_2 c_2 e^{\lambda_2 t},$$
$$I'' = \lambda_1 c_1' e^{\lambda_1 t} + \lambda_1^2 c_1 e^{\lambda_1 t} + \lambda_2 c_2' e^{\lambda_2 t} + \lambda_2^2 c_2 e^{\lambda_2 t}$$

となるから，これらを (4.19) に代入して，$\lambda_i\ (i=1,2)$ が (4.21) の解であることを用いれば，

$$\lambda_1 c_1' e^{\lambda_1 t} + \lambda_2 c_2' e^{\lambda_2 t} = \frac{1}{L}\frac{dE}{dt} \tag{4.25}$$

という等式を得る．(4.24) と (4.25) より，

$$c_1' = \frac{1}{\lambda_1 - \lambda_2}\frac{1}{L}\frac{dE}{dt}e^{-\lambda_1 t}, \quad c_2' = -\frac{1}{\lambda_1 - \lambda_2}\frac{1}{L}\frac{dE}{dt}e^{-\lambda_2 t}$$

が導けるので，結局

$$c_1 = \frac{1}{\lambda_1 - \lambda_2}\frac{1}{L}\int_0^t \frac{dE}{ds}e^{-\lambda_1 s}ds + a,$$
$$c_2 = -\frac{1}{\lambda_1 - \lambda_2}\frac{1}{L}\int_0^t \frac{dE}{ds}e^{-\lambda_2 s}ds + b$$

「**LCR 回路の方程式**」リアクタンス L のコイルに電流 I が流れると，電流の向きと逆方向に $L\dfrac{dI}{dt}$ の逆起電力が生じる．したがって，抵抗にかかる電圧は $E(t) - \dfrac{Q}{C} - L\dfrac{dI}{dt}$ であり，これを RI と等しいとおく．両辺を t で微分すれば，(4.19) が得られる．

「**C, L の呼び方**」C はコンデンサー，L はコイルと呼ばれるが，電気電子工学の専門家によると，最近はもっと広く C をキャパシター，L をインダクターと呼ぶそうである．その理由は，実際にはコンデンサーやコイルがなくても，それらと同じ機能をもったものが存在するからだそうだ．

となる．a, b は積分定数である．これらを (4.23) に代入すると，(4.19) の解は，2 個の未知数 a, b を含む形で次のように与えられる：

$$I = ae^{\lambda_1 t} + be^{\lambda_2 t} + \frac{1}{L(\lambda_1 - \lambda_2)} \int_0^t \frac{dE}{ds} \left(e^{\lambda_1(t-s)} - e^{\lambda_2(t-s)} \right) ds. \quad (4.26)$$

ここで最初の 2 項 (一般解) は初期条件に関係する項であり，(4.22) からわかるように λ_1, λ_2 の実部は負であるので，時間さえ経てば消えてしまう．第 3 項は特殊解であり，**過渡時間**が経った後にも生き残る項である．

4.2.3 交流 LCR 回路

電源が交流として，具体的に**直列 LCR 回路**の特殊解を求めてみよう．$E(s) = E_0 \cos \omega s$ を (4.26) に代入して，積分を実行すればよい．もちろん，そのようにしても解は求められるのであるが，以下ではもう少し見通しのよい方法をとる．

高校時代に，$E(t) = E_0 \cos \omega t$ で表される交流電源がつながった回路では，流れる電流の位相と電源の位相がずれることを学んだ．その答を数式で再現してみるのである．

元の方程式 (4.19) に立ち帰ろう．電流 I は

$$L\frac{dI}{dt} + RI + \frac{Q}{C} = E_0 \cos \omega t, \quad I = \frac{dQ}{dt} \quad (4.27)$$

の解である．先に述べたように，一般解はスイッチを入れてしばらくすると減衰してしまって，あとは特殊解のみが生き残るので，ここでは特殊解のみ

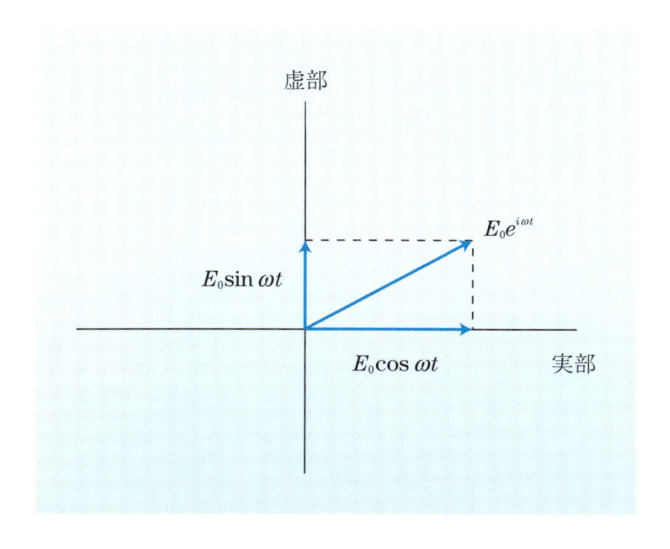

図 4.8　実部と虚部

に注目する．

(4.27) の右辺はオイラーの公式を用いると，

$$E_0 \cos \omega t = \mathrm{Re}[E_0 e^{i\omega t}] \tag{4.28}$$

となる．$\mathrm{Re}[\cdots]$ は $[\cdots]$ の中の**実部**をとる関数である (図 4.8 を参照)[*1]．

そこで (4.27) に代わる次のような微分方程式を考える．

$$L\frac{d\tilde{I}}{dt} + R\tilde{I} + \frac{\tilde{Q}}{C} = E_0 e^{i\omega t}, \quad \tilde{I} = \frac{d}{dt}\tilde{Q} \tag{4.29}$$

(I の上に波印 ~ を付けた $\tilde{I}$ はアイ・チルダと読む．) この式全体の実部をとると，L, C, R は実数であるし，微分演算も実空間で定義されているので，

$$L\frac{d}{dt}\mathrm{Re}[\tilde{I}] + R\mathrm{Re}[\tilde{I}] + \frac{1}{C}\mathrm{Re}[\tilde{Q}] = E_0 \cos\omega t, \quad \mathrm{Re}[\tilde{I}] = \frac{d}{dt}\mathrm{Re}[\tilde{Q}] \tag{4.30}$$

に帰着する．(4.30) と (4.27) を比較すると，$I = \mathrm{Re}[\tilde{I}]$, $Q = \mathrm{Re}[\tilde{Q}]$ が導ける．すなわち (4.29) を解いて $\tilde{I}$ が得られれば，その実部として (4.27) の解 I が得られる．

(4.29) を解く方が，(4.27) を解くのより簡単である．なぜなら (4.29) の特殊解は $\tilde{I} = ce^{i\omega t}$ であることは自明に近いからだ．実際，こうすると $\tilde{Q} = ce^{i\omega t}/(i\omega) = \tilde{I}/(i\omega)$ なので，(4.29) は

[*1] **虚部**をとる関数は $\mathrm{Im}[\cdots]$ で表される．例えば $z = a + ib$ (a, b は実数) に対しては $\mathrm{Re}[z] = a, \mathrm{Im}[z] = b$ である．

「インピーダンス」(4.31) は，L と C の一般化された抵抗 (インピーダンスと呼ぶ) は，それぞれ $i\omega L$ と $1/(i\omega C)$ であることを表している．今は LCR が直列につながっている回路を考えているから，$i\omega L, R, 1/(i\omega C)$ の 3 個の足し算になっている．並列につながっている場合は，並列につながった抵抗の計算と同じように行えばよい．気を付けて欲しいのは，L, C のインピーダンスには虚数 i が付いていることである．高校の物理では例えば，「L は大きさが ωL の抵抗のような働きをする」というように習ったかもしれないが，$i\omega L$ が正確な表現である．インピーダンスは虚数込みの抵抗なのである．

$$\left[i\omega L + R + \frac{1}{i\omega C}\right]\tilde{I} = E_0 e^{i\omega t} \tag{4.31}$$

となる．これより簡単に

$$\tilde{I} = \frac{1}{R + i(\omega L - 1/\omega C)} E_0 e^{i\omega t} = \frac{R - i(\omega L - 1/\omega C)}{R^2 + (\omega L - 1/\omega C)^2} E_0 e^{i\omega t}$$

と求まるのである．この実部をとれば

$$I = \mathrm{Re}[\tilde{I}] = \frac{R\cos\omega t + (\omega L - 1/\omega C)\sin\omega t}{R^2 + (\omega L - 1/\omega C)^2} E_0 \tag{4.32}$$

というように，元の (4.27) の特殊解が得られるのである．

さてここで，

$$\cos\phi = \frac{R}{\sqrt{R^2 + (\omega L - 1/\omega C)^2}}, \quad \sin\phi = \frac{\omega L - 1/\omega C}{\sqrt{R^2 + (\omega L - 1/\omega C)^2}}$$

によって，ϕ を定義することにする．つまり

$$\phi = \arctan\left(\frac{\omega L - 1/\omega C}{R}\right)$$

である．こうすると (4.32) は

$$I = \frac{E_0}{\sqrt{R^2 + (\omega L - 1/\omega C)^2}} \cos(\omega t - \phi),$$

と書き直せる．この表式から，インピーダンスの絶対値は $\sqrt{R^2 + (\omega L - 1/\omega C)^2}$ であり，図 4.9 のように，電流は電源に比べて ϕ/ω だけ時間遅れがあることがわかる．

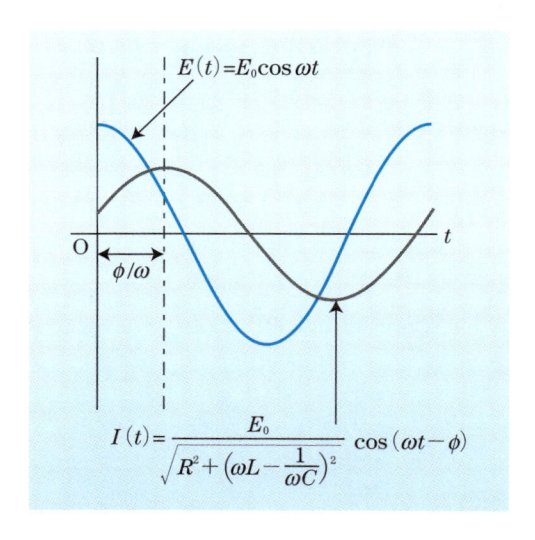

図 4.9 交流 LCR 回路における電流の位相遅れ

4.3 非線形微分方程式

ここまでは線形微分方程式を勉強してきた．線形な方程式の解法は，実に詳しく調べられてきている．しかし，動的な物理現象やここで述べる生態系を記述するためには，非線形な方程式が必要になることもしばしばなのである．

非線形微分方程式の例として，次のような**生物の個体数**の変化を記述する式を考えよう．

$$\frac{d}{dt}x = k_1 x - k_2 x^2 \tag{4.33}$$

この式の右辺の第 2 項は x^2 に比例している．このように x の 2 次式が登場するので，これは非線形微分方程式である．この式はネズミの数 x がどのように増えるかを表している．

世にいう「**ネズミ算**」は，ネズミの数はネズミの数に比例して増えるという算法であるが，それを表すのが (4.33) の右辺第 1 項である．もしも右辺がこの第 1 項だけだとすると，簡単に積分できて，

$$x(t) = x(0) e^{k_1 t}$$

となり，ネズミの数は指数関数的に増加するという「**ネズミ算**」の結果を得る．

(4.33) の右辺第 2 項はネズミが増えすぎるとそれを抑制する効果を表している．それを見るには (4.33) を

$$\frac{d}{dt}x = x(k_1 - k_2 x) \tag{4.34}$$

「**カオス方程式**」 最近物理では，**カオス**という現象が注目されている．この現象を記述する方程式 (差分方程式) の 1 つ

$$y_{n+1} = r y_n (1 - y_n)$$

は，(4.34) の微分を前進差分化することにより得られる．時間間隔を Δt として，(4.34) の微分を

$$\frac{dx}{dt} = \frac{x_{n+1} - x_n}{\Delta t}$$

と書き，$r = 1 + k_1 \Delta t$ と書き直すのである．(4.34) の解は，$k_1 < 0$ では $x = 0$, $k_1 > 0$ では k_1/k_2 に収束する．上のカオス方程式でも同様に，$r < 1$ では $x = 0$, $1 < r < 3$ では $1 - 1/r$ に収束する．しかし $r > 3$ では一定値に収束せず，解はカオス的な挙動を示すようになるのである．r が大きいということは Δt が大きいことを意味する．このように非線形方程式では，差分間隔が大きくなると，元の微分方程式と**差分方程式**とは解の振舞いが全く異なるのである．

と書きかえればよい．この式はネズミの増加率は $k_1 - k_2 x$ であることを意味する．すなわちネズミが増えすぎると，増加率は x に比例して小さくなるというのである．確かにネズミが生きていくために必要な食料が，ある一定量しかない場合はこのようになるであろう．あるいは，環境の悪化による増加率の減少を表していると考えてもよい．

(4.34) を変数分離すると

$$\frac{dx}{x(k_1 - k_2 x)} = dt$$

となる．左辺の分数を部分分数に分けると

$$\frac{1}{k_1}\left(\frac{dx}{x} + \frac{k_2 dx}{k_1 - k_2 x}\right) = dt.$$

となる．初期条件として $t = 0$ で $x = x_0$ とすると

$$\frac{1}{k_1}\int_{x_0}^{x}\frac{dy}{y} + \frac{1}{k_1}\int_{x_0}^{x}\frac{k_2 dy}{k_1 - k_2 y} = \int_0^t ds$$

という定積分を計算すればよい．これより，解

$$x = \frac{k_1 x_0}{k_2 x_0 + (k_1 - k_2 x_0)e^{-k_1 t}} \tag{4.35}$$

が得られる．

初期値 x_0 が十分小さければ，$t \ll 1/k_1$ では，$x \simeq x_0 e^{k_1 t}$，$t \to \infty$ では $x \to k_1/k_2$ と一定値になる．すなわち，最初は指数的に増大するが，だんだ

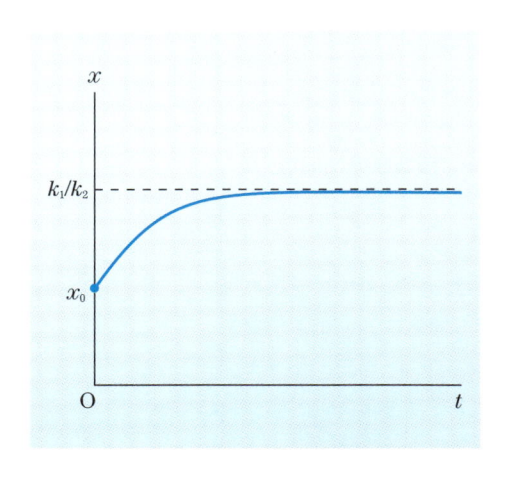

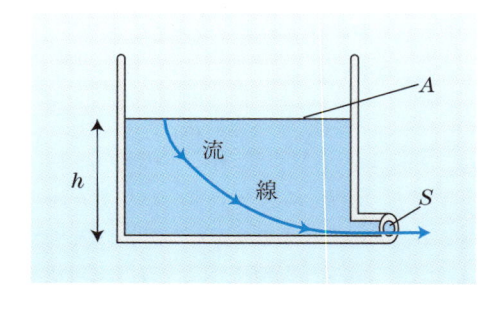

図 4.10 解 (4.35) の振舞い ($x_0 < k_1/k_2$ の場合)

図 4.11 風呂とベルヌーイの定理

4.3 非線形微分方程式

んと**非線形項**の影響が出てきて増加率が抑えられ，最後にはもはや増加することなく一定値になる (図 4.10 参照).

今度は物理現象の例として，**流体**に関する非線形微分方程式の問題を解いてみよう．**流体力学**では，**流線**に沿って

$$P + \frac{1}{2}\rho u^2 + \rho g h = 一定 \tag{4.36}$$

であることが知られている．ここで P は圧力，ρ は水の密度，u は水の流速である．これを**ベルヌーイの定理**という．

> **例題 4.4** 図 4.11 のような表面積 A の風呂を考える．排水孔は底に付いていて，孔の面積を S とする．風呂の水位が h_0 のときに，排水孔の栓を抜いて排水を始めた．風呂の水位は時間の関数としてどのように減衰するであろうか．

> **例題 4.4 の解答** 図 4.11 のような流線に沿ってベルヌーイの定理 (4.36) を適用する．表面では P は大気圧であり，$u = 0$ に近いであろう．($u = 0$ でない場合は章末問題 4.11 で取り扱う．) 排水孔の外側でも圧力は大気圧であるから，排水孔での速度は $u = \sqrt{2gh}$ である．このとき $-A\,dh = uS\,dt$ の関係が成り立つ．この等式の左辺は時間 dt の間に風呂の水の減る量，右辺はその間に排水孔から流れ出る水の量である．したがって
>
> $$\frac{dh}{dt} = -\frac{\sqrt{2g}S}{A}\sqrt{h}$$
>
> という微分方程式を得る．右辺は h の (1 乗ではなく) 1/2 乗に比例するので，やはり非線形微分方程式である．この方程式の，$h(t=0) = h_0$ を満たす解は
>
> $$h = \left(\sqrt{h_0} - \frac{S}{2A}\sqrt{2g}\,t\right)^2$$
>
> である．

4.4 微分方程式とエネルギー保存則

高校時代の物理でエネルギー保存，運動量保存などの**保存則**を習ったが，保存則の考え方は極めて重要で，大学でも盛んに出てくる．ここでは微分方程式と保存則との関係について述べてみたい．

4.4.1 エネルギー保存則

例として，1次元のポテンシャル $V(x)$ の中での質量 m の物体の運動を取り上げる．物体の位置を x で表し，それが時間的にどのように振る舞うかを調べる．点 x において物体が受ける力 $f(x)$ は

$$f(x) = -\frac{dV(x)}{dx}$$

で与えられるので，運動方程式は

$$m\frac{d^2 x}{dt^2} = -\frac{dV(x)}{dx}$$

で与えられる．この式の両辺に $\dfrac{dx}{dt}$ をかける：

$$m\frac{dx}{dt}\frac{d^2 x}{dt^2} = -\frac{dx}{dt}\frac{dV(x)}{dx}. \tag{4.37}$$

すると左辺は

$$\frac{m}{2}\frac{d}{dt}\left(\frac{dx}{dt}\right)^2$$

「摩擦力について」 摩擦力が働く場合はどうであろうか．動摩擦力は $f = -\mu mg$ と書けるから，運動方程式は $m\dfrac{d^2 x}{dt^2} = -\mu mg$ となる．両辺に $\dfrac{dx}{dt}$ をかけると，右辺は $\dfrac{dx}{dt} \times (-\mu mg) = -\dfrac{d}{dt}(\mu mgx)$ と書けるから，全体では

$$\frac{d}{dt}\left[\frac{m}{2}\left(\frac{dx}{dt}\right)^2 + \mu mgx\right] = 0$$

となる．これから本文で述べたのと同じように，

$$\frac{m}{2}\left(\frac{dx}{dt}\right)^2 + \mu mgx = 一定$$

となるように思われる．しかし摩擦の場合はちょっと変なことに気がつきはしないだろうか．確かに静止までの運動は，この式で記述される．ところが同時にこの式は，静止した物体が前に来た道を加速されながら運動して，原点に初速度 v_0 で戻ってくることもありうることを示唆する．もちろん，実際にはそのようなことは起こらない．摩擦のある場合はこのような保存則が成り立っているという主張はできないのである．

となることは明かである．右辺はどうであろうか．x は物体の座標であるから，物体の運動に伴い値を変える．つまり時間の関数である．したがって右辺は

$$-\frac{dx}{dt}\frac{dV(x)}{dx} = -\frac{dV(x)}{dt}$$

で表される．結局 (4.37) は

$$\frac{d}{dt}\left[\frac{m}{2}\left(\frac{dx}{dt}\right)^2 + V(x)\right] = 0$$

となる．この式は，[⋯] の中は時間的に変化しない量であるということを意味している．つまり

$$\frac{m}{2}\left(\frac{dx}{dt}\right)^2 + V(x) = \text{一定} \tag{4.38}$$

という関係式が得られるのである．

(4.38) は「運動エネルギーとポテンシャルエネルギーの和である全エネルギーは，一定である」というエネルギー保存則に他ならない．

4.5 電気回路における保存則

直列 LCR 回路での保存則を考えよう．回路を流れる電流 I を決める微分方程式は

$$L\frac{dI}{dt} + RI + \frac{Q}{C} = E(t) \tag{4.39}$$

であった．Q はコンデンサーの上流側に貯まる電荷であり，電流とは

「力がポテンシャルで書ける条件」 一般に，力がポテンシャルで書ければエネルギー保存則が成り立つ．力 $f(x)$ がポテンシャルで書ける条件は $\oint f(x)dx = 0$ である．ここで $\oint dx$ は，図 4.12 のように出発点 P から，任意の道を通り，元の点 P にまで戻ってくる積分を表す．$f(x)dx$ は dx の間に物体になされる仕事であるから，どこかを一周してきてもエネルギーは増えもしなければ，減りもしないことを意味する．

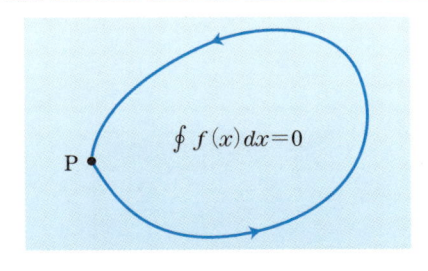

図 4.12　力 $f(x)$ がポテンシャルで書ける条件

$I(t) = \dfrac{dQ(t)}{dt}$ の関係がある.

ここで電源のする仕事を考えよう. 電源はまるで貯水槽のポンプのようなものである. ポンプが低いところにある水を高いところにくみ上げるように, 電源は低い電位にある電荷を高い電位に持ち上げる働きをする. 1[C] の電荷を E [V] だけ持ち上げるのに E [J] の仕事をする. したがって dt の間に電源のする仕事は, dt の間に電源が持ち上げた電荷の総量は Idt なので, $I(t)E(t)dt$ である. つまり, 単位時間に電源がする仕事は $I(t)E(t)$ である.

したがって, (4.39) に $I(t)$ を掛けると, 右辺は時刻 t から単位時間の間に電池がする仕事ということになる. 左辺は

$$\text{左辺} = I\left(L\frac{dI}{dt} + RI + \frac{Q}{C}\right) = \frac{d}{dt}\frac{LI^2}{2} + RI^2 + \frac{d}{dt}\frac{Q^2}{2C}$$

$$= \frac{d}{dt}\left(\frac{LI^2}{2} + \frac{Q^2}{2C}\right) + RI^2$$

となるから, 結局

$$\frac{d}{dt}\left(\frac{LI^2}{2} + \frac{Q^2}{2C}\right) + RI^2 = E(t)I(t) \tag{4.40}$$

が導かれる. RI^2 は, 抵抗で単位時間当たりに発生するジュール熱である. $LI^2/2$ と $Q^2/(2C)$ はそれぞれコイルとコンデンサーに蓄えられるエネルギーである. 電源が単位時間当たりに回路にした仕事 ((4.40) の右辺) は, コイルとコンデンサーに蓄えられるか ((4.40) の左辺第 1 項), 抵抗で熱に変わって散逸する ((4.40) 左辺第 2 項) かである.

「LC 回路とバネ運動の対照表」 電源もなく, 抵抗もない LC 回路が面白い. その場合, (4.40) より,

$$\frac{LI^2}{2} + \frac{Q^2}{2C} = \text{一定}, \quad \text{ただし } I = \frac{dQ}{dt}$$

が導かれる. バネ定数 k のバネにつながれた質量 m の質点の運動を考えると, この式はバネ運動のエネルギー保存則 (章末問題 4.12 参照) とよく似ていることに気がつくであろう. 実際, x をバネの変位とすると, 下のような対照表ができる.

バネの運動	LC 回路
x	Q
m	L
k	$1/C$

4.6 章末問題

4.1 例題 4.1 で，速度の 2 乗に比例する空気抵抗 (慣性抵抗) を受けながら落下する物体の速度依存性は

$$v(t) = v_\infty \tanh(gt/v_\infty)$$

で与えられることがわかった．ただし，v_∞ は終端速度である．速度の時間依存性を図示しなさい．

4.2 「初め静止していた質量 m_0 の**雨滴**が，単位時間に μ の割合で周囲の静止した水滴をとりこみながら重力場の中を落下していく．時間 t の後の速度を求めよ．」この問題を以下の誘導にしたがって解いてみよう．

(1) 雨滴の質量の時間増加率が μ であるので

$$\frac{dm}{dt} = \mu$$

となる．これを解いて，時刻 t での雨滴の質量 $m(t)$ を求めなさい．

(2) **ニュートンの運動方程式**は，速度を $\boldsymbol{v}$，力を $\boldsymbol{f}$ とすると，加速度は $\boldsymbol{a} = \dfrac{d}{dt}\boldsymbol{v}$ なので

$$m\frac{d}{dt}\boldsymbol{v} = \boldsymbol{f} \tag{4.41}$$

であると習っているかもしれないが，これは質量 m が時間的に変わらないときのもので，本来は運動量を $\boldsymbol{p} = m\boldsymbol{v}$ としたとき

$$\frac{d}{dt}\boldsymbol{p} = \boldsymbol{f} \tag{4.42}$$

が正しい式である．今考えている問題では，雨滴の質量はどんどん増大していくので，この元の形を使わなければいけない．すなわち，鉛直下向きに座標軸をとり，下向き単位ベクトルを $\boldsymbol{e}$ とすると

$$\frac{d}{dt}(m(t)\boldsymbol{v}(t)) = m(t)\,g\,\boldsymbol{e}$$

である．ここで $m(t)$ には，(1) で求めたものを代入しなさい．$\boldsymbol{v} = v\boldsymbol{e}$ とする．運動方程式を解いて，v を t の関数として求めなさい．

(3) $t \gg 1$ のときには，近似的に $v = gt/2$ となることを示しなさい．(つまり，雨滴の質量が一定のときの半分である．)

4.3 「重力のもとで，下方に相対速度 u_0 で単位時間あたり質量 μ のガスを噴射しながら上方に進行する**ロケット**がある．ロケットの初期質量を m_0，初速度を 0 とするとき，時刻 t での上昇速度を求めよ．」この問題を以下の誘導にしたがって解いてみよう．

このような問題のときには，ロケット本体と噴出されたガスを合わせた全体について運動方程式をたてなければいけないので，質量 m を時間微分の外に出した (4.41) ではだめで，運動量の時間変化に対する (4.42) の形の方程式をたてなければいけない．

ここでは鉛直上向きに座標軸をとることにする．まずは，(4.42) 式を差分化して，微小な時間間隔 Δt の間に $f \Delta t = -mg\Delta t$ が作用して，ロケットとガスの運動量の鉛直成分が $\Delta p = p(t + \Delta t) - p(t)$ だけ変化することを表す式

$$p(t + \Delta t) - p(t) = -mg\Delta t \tag{4.43}$$

をたててみよう．

(1) 時刻 t のときのロケットの質量を m，速度を v とすると，そのときの運動量は $p(t) = mv$ である．時刻 t と $t + \Delta t$ の間に，このロケットの質量 m のうちの $\mu \Delta t$ がガスとして放出されるので，時刻 $t + \Delta t$ のときのロケットの質量は $m - \mu \Delta t$ である．また，時刻 $t + \Delta t$ でのロケットの速度は $v + \Delta v$ となっている．他方，この間に放出されたガス (質量 $\mu \Delta t$) の速度は $v - u_0$ である (ロケットの速度が v で，それに対する相対速度が $-u_0$ なので)．以上の考察から，$p(t + \Delta t)$ を $m, \mu, v, u_0, \Delta t, \Delta v$ で表しなさい．

(2) (1) の結果を (4.43) に代入してから，両辺を Δt で割って，$\Delta t \to 0$ の極限をとりなさい．どのような微分方程式が得られるか．

(3) 得られた微分方程式を解いて，ロケットの上昇速度 v を時間の関数として与えなさい．

4.4 (4.7) とは符号だけが異なる微分方程式

$$m\frac{d^2 x}{dt^2} = kx$$

の解はどう表されるか．

4.5 「速度 V_0 で x 方向に運動する**荷電粒子** (質量 m，電荷 q) が，図 4.13 のように，y 方向の一様な磁場の中に突入した．その後の粒子の軌道を求めなさい．」

荷電粒子の速度ベクトルを $\boldsymbol{v}$，**磁束密度ベクトル**を $\boldsymbol{B}$ とすると，運動方程式は

$$m\frac{d\boldsymbol{v}}{dt} = q\boldsymbol{v} \times \boldsymbol{B} \tag{4.44}$$

である．今の場合 $\boldsymbol{B} = (0, B, 0)$ であるので，$\boldsymbol{v} = (u, v, w)$ とすると，(4.44) は

$$m\frac{du}{dt} = -qBw \tag{4.45}$$

4.6 章末問題

$$m\frac{dv}{dt} = 0 \tag{4.46}$$

$$m\frac{dw}{dt} = qBu \tag{4.47}$$

となる．また，初期条件は

$$t = 0 \quad \text{で} \quad u = V_0, \quad v = w = 0. \tag{4.48}$$

また，$t=0$ で粒子は原点にある．

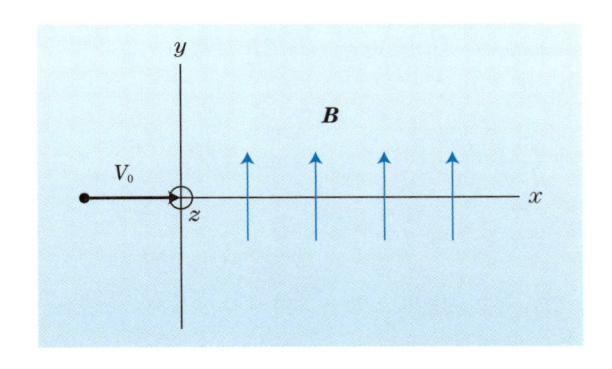

図 4.13 一様な磁場の中の荷電粒子の運動

(1) (4.46) と 初期条件より，粒子は常に xz 平面上にあることを示しなさい．
(2) (4.45) と (4.47) から w を消去して，u についての微分方程式を導きなさい．
(3) (2) で導いた微分方程式を解いて，初期条件 (4.48) を満たす解 u を求めなさい．
(4) 同様にして w も求めなさい．
(5) u, w を積分して，粒子の位置の x 成分と z 成分を求めなさい．
(6) (5) で求めた x, z から t を消去すると

$$x^2 + \left(z - \frac{V_0}{\omega}\right)^2 = \left(\frac{V_0}{\omega}\right)^2$$

が得られることを示しなさい．ただし，$\omega = qB/m$ である．
(7) 以上から，この荷電粒子の軌道はどのような図形を描くかを言葉で説明しなさい．

4.6 章末問題 4.5 は，複素変数を用いるともっと簡単に解ける．
(1) (4.45)+(4.47)×i (ただし，$i = \sqrt{-1}$ である) を作ると

$$m\frac{d}{dt}(u + iw) = iqB(u + iw)$$

を得る．これを積分して $u + iw$ を求めなさい．

(2) もう一度積分して $x+iz$ を求めなさい.

(3) オイラーの公式 $e^{i\omega t}=\cos\omega t+i\sin\omega t$ を用いると，章末問題 4.5 で得られた答と同じ答が得られることを確かめなさい.

4.7 RC が時間の次元を持っていることを確かめなさい. $R=1\,\Omega$，$C=1\mu\mathrm{F}$ のとき，それはいくらになるか.

4.8 例題 4.3 で扱った回路に流れる電流 $I(t)$ のグラフを描きなさい.

4.9 $4L/R^2C=1$ のときには，(4.26) の $\lambda_1=\lambda_2=-R/2L$ である．このときには (4.19) の解は，$\lambda=-R/2L$ として

$$I = ae^{\lambda t} + bte^{\lambda t} + \frac{1}{L}\int_0^t \frac{dE}{ds}e^{\lambda(t-s)}(t-s)ds$$

で与えられることを確かめなさい.

4.10 例題 4.4 を考える．$A=1\mathrm{m}^2$, $S=10\mathrm{cm}^2$, $h_0=1\mathrm{m}$ としたとき，排水時間はどれほどか.

4.11 例題 4.4 の解答では，表面での水の速度をゼロとしたが，u_0 としたらどうか．その場合は，連続の式 $u_0A=uS$ を用いなければならない.

4.12 バネ定数 k のバネにつながれた質量 m の質点の運動を考える．質点の平衡点からの変位 x の運動方程式

$$m\frac{d^2x}{dt^2}=-kx$$

から，この系のエネルギー保存則を導きなさい.

5 行列と行列式

　行列はとても便利な表現方法である．スカラーもベクトルも行列の特別な場合に過ぎない．ここではなぜそのような表示が便利なのか，具体的に示す．高校では 2×2 の行列の行列式を学んだ．また大学の『線形代数』の講義では，一般の次元の行列の行列式の定義を習うであろう．この章では，とにかく 3×3 の行列の行列式を計算できるようになろう．『線形代数』では，固有値，固有ベクトルをどのようにして求めることができるかの一般論を習う．それに先だってここでは，そもそもどうして固有値や固有ベクトルを求めたくなるのか，そのモチベーションをしっかりと実感することにしよう．

本章の内容

行列の演算
行列式の定義
行列式と体積
1 次独立と 1 次従属
行列の固有値と固有ベクトル
章末問題

5.1 行列の演算

次のような**連立方程式**を考えよう：

$$5x + 3y = 2,$$
$$2x - 4y = 1. \tag{5.1}$$

これを次のような形で書くことにする．

$$\begin{bmatrix} 5 & 3 \\ 2 & -4 \end{bmatrix} \begin{bmatrix} x \\ y \end{bmatrix} = \begin{bmatrix} 2 \\ 1 \end{bmatrix}. \tag{5.2}$$

ただし，左辺の 2 つの因子のかけ算は，最初の因子の行と 2 個目の因子の列をかけ合わせる：$(5, 3)$ と (x, y) を成分ごとにかけて $5 \times x + 3 \times y$ という和をとって上の段に，同様に $(2, -4)$ と (x, y) を成分ごとにかけて $2 \times x + (-4) \times y$ という和をとって下の段に置く．つまり

$$\begin{bmatrix} 5 & 3 \\ 2 & -4 \end{bmatrix} \begin{bmatrix} x \\ y \end{bmatrix} = \begin{bmatrix} 5x + 3y \\ 2x - 4y \end{bmatrix}$$

とする．こうすると，(5.1) は (5.2) のように表されるという訳である．

ここで現れた

$$\begin{bmatrix} 5 & 3 \\ 2 & -4 \end{bmatrix}$$

のように，カッコの中に，数字や変数を縦横に配列したものを**行列**と呼ぶ．行列はこの例のように 2 行 2 列の場合ばかりでなく，一般には次のような m 行

「ゼロ行列と単位行列」 2 行 2 列の行列

$$A = \begin{bmatrix} a & b \\ c & d \end{bmatrix}$$

を考える．通常の数 (スカラー) どうしの演算における 0 と 1 に対応する行列は，それぞれ

$$O = \begin{bmatrix} 0 & 0 \\ 0 & 0 \end{bmatrix} \quad \text{と} \quad E = \begin{bmatrix} 1 & 0 \\ 0 & 1 \end{bmatrix}$$

である．O は**ゼロ行列**，E は**単位行列**と呼ばれる．実際，行列 A の成分 a, b, c, d の値によらずに $A + O = O + A = A$, $AO = OA = O$, $AE = EA = A$ が成り立つ．(行列の足し算とかけ算の定義は，本文を見なさい．)

スカラーどうしのかけ算では，$ab = 0$ なら $a = 0$ か $b = 0$ であったが，行列では $AB = O$ だからといって，$A = O$ または $B = O$ とはいえない．例えば

$$\begin{bmatrix} 5 & 0 \\ 4 & 0 \end{bmatrix} \begin{bmatrix} 0 & 0 \\ 3 & -2 \end{bmatrix} = \begin{bmatrix} 0 & 0 \\ 0 & 0 \end{bmatrix} = O$$

である．

5.1 行列の演算

n 列のものも考えることができる．

$$A = \begin{bmatrix} a_{11} & a_{12} & \cdots & a_{1n} \\ a_{21} & a_{22} & \cdots & a_{2n} \\ \cdots & \cdots & \cdots & \cdots \\ a_{m1} & a_{m2} & \cdots & a_{mn} \end{bmatrix}.$$

m 行 n 列の行列をしばしば簡単に $m \times n$ 行列という．また上のような $m \times n$ の行列を $A = [a_{ij}]$ のように略記することもある．

大事なことは，行列の行数と列数とは必ずしも一致していなくても (上の例では $m \neq n$ でも) よいということである．行数と列数が一致しているときは，特に**正方行列**と呼ばれる．

極端な場合には，n 行 1 列や 1 行 n 列 (ただし，$n \geq 2$ とする) の行列も考えられる．これらはベクトルを表すので，それぞれ n 成分の**列ベクトル** (あるいは**縦ベクトル**)，n 成分の**行ベクトル** (あるいは**横ベクトル**) と呼ばれる．(5.2) に現れた

$$\begin{bmatrix} x \\ y \end{bmatrix} \quad と \quad \begin{bmatrix} 2 \\ 1 \end{bmatrix}$$

は，2 成分の列ベクトルである．さらにいえば，スカラーは 1 行 1 列の行列であるということもできる．(図 5.1 参照.)

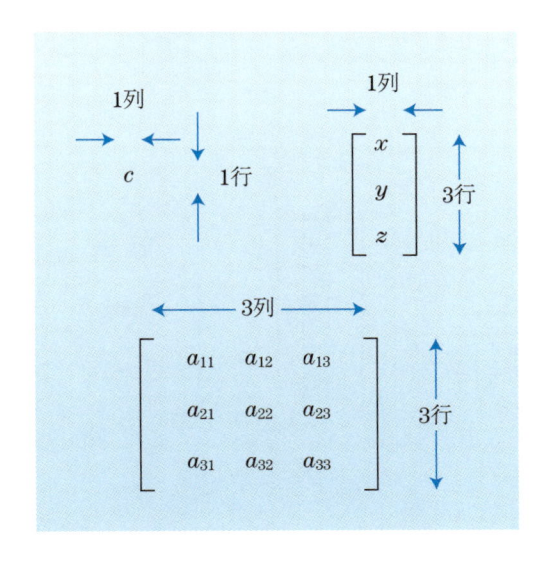

図 5.1　スカラーもベクトルも行列の特殊例である．

行列 A の c 倍は

$$cA = \begin{bmatrix} ca_{11} & ca_{12} & \cdots & ca_{1n} \\ ca_{21} & ca_{22} & \cdots & ca_{2n} \\ \cdots & \cdots & \cdots & \cdots \\ ca_{m1} & ca_{m2} & \cdots & ca_{mn} \end{bmatrix}. \tag{5.3}$$

であり，同じ行数と列数を持つ 2 個の行列 A と B の和は，$A = [a_{ij}], B = [b_{ij}]$ とすると

$$A + B = \begin{bmatrix} a_{11}+b_{11} & a_{12}+b_{12} & \cdots & a_{1n}+b_{1n} \\ a_{21}+b_{21} & a_{22}+b_{22} & \cdots & a_{2n}+b_{2n} \\ \cdots & \cdots & \cdots & \cdots \\ a_{m1}+b_{m1} & a_{m2}+b_{m2} & \cdots & a_{mn}+b_{mn} \end{bmatrix}.$$

と定義される．

2 つの行列 A, B があったとき，A の列の数と B の行の数とが一致しているときには，AB という**行列の積**が定義できる．例えば，$A = [a_{ij}]$ が $m \times n$ 行列，$B = [b_{ij}]$ が $n \times l$ 行列であるとき AB は $m \times l$ 行列であり，その (i, j) 成分を $(AB)_{ij}$ と書くと，

$$(AB)_{ij} = \sum_{k=1}^{n} a_{ik} b_{kj}$$

で定義される (図 5.2 を参照)．A の列の数と B の行の数とが一致していないときには，AB という積は定義されない．

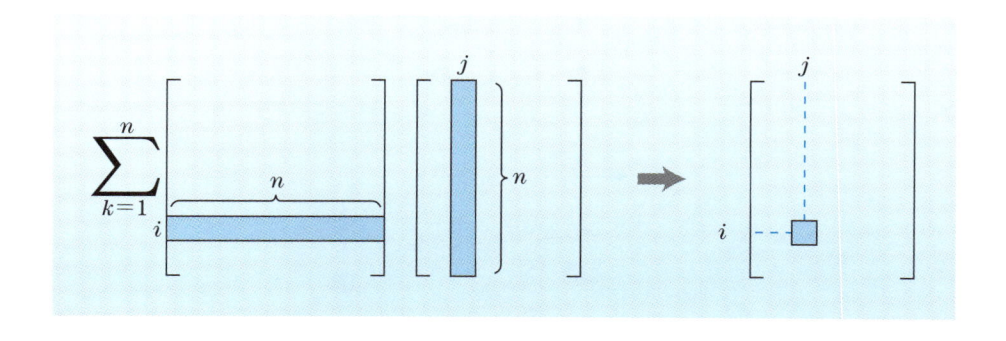

図 5.2　行列のかけ算

この定義から，行列どうしのかけ算では，かける順序が大切であることがわかるであろう．Aの列数とBの行数が違うときには，ABは定義されないが，Aの行数とBの列数とが一致していれば，かける順序を逆にしたBAという積は定義されるからである．AとBがともに$n \times n$の正方行列のときには，ABもBAも定義されるが，それでも一般には$AB \neq BA$である．このように交換が可能ではないことを**非可換**という[*1]．

例題 5.1

$$A = \begin{bmatrix} 1 & -2 & 3 \\ 2 & 0 & 1 \\ 1 & 0 & 1 \end{bmatrix}, \quad B = \begin{bmatrix} 1 & 1 & -3 \\ 2 & 1 & 0 \\ 1 & -5 & 2 \end{bmatrix},$$

$$C = \begin{bmatrix} 1 & 1 \\ 2 & 1 \end{bmatrix}, \quad D = \begin{bmatrix} 1 & -2 & 3 \\ 1 & 0 & 1 \end{bmatrix}$$

とする．
(1) AB を求めなさい．
(2) BA を求めなさい．
(3) CD を求めなさい．
(4) DC は計算できないことを確かめなさい．

[*1]第1章で見たように，スカラーどうしのかけ算，スカラーとベクトルとのかけ算，ベクトルの内積，また (5.3) で定義されるスカラーと行列との積は可換である．これに対して，ベクトルの外積は $\boldsymbol{A} \times \boldsymbol{B} = -\boldsymbol{B} \times \boldsymbol{A}$ なので，非可換である．

例題 5.1 の解答　(1)

$$AB = \begin{bmatrix} 0 & -16 & 3 \\ 3 & -3 & -4 \\ 2 & -4 & -1 \end{bmatrix}.$$

(2)

$$BA = \begin{bmatrix} 0 & -2 & 1 \\ 4 & -4 & 7 \\ -7 & -2 & 0 \end{bmatrix}.$$

(3)

$$CD = \begin{bmatrix} 2 & -2 & 4 \\ 3 & -4 & 7 \end{bmatrix}.$$

(4) 行列 C は 2×2 で，行列 D は 2×3 なので DC は計算できない．

5.2 行列式の定義

正方行列に対して，**行列式**という量が定義される．行列の成分が変数であるときには，行列式はそれらの変数で表される1つの数式であり，行列の成分が数のときには，行列式は1つの数である．一般に $n \times n$ の行列

$$A = \begin{bmatrix} a_{11} & a_{12} & \cdots & a_{1n} \\ a_{21} & a_{22} & \cdots & a_{2n} \\ \cdots & \cdots & \cdots & \cdots \\ a_{n1} & a_{n2} & \cdots & a_{nn} \end{bmatrix}$$

に対して，行列式 (英語では determinant という) は，$\det A$ とか $|A|$ とか，

$$\det \begin{bmatrix} a_{11} & a_{12} & \cdots & a_{1n} \\ a_{21} & a_{22} & \cdots & a_{2n} \\ \cdots & \cdots & \cdots & \cdots \\ a_{n1} & a_{n2} & \cdots & a_{nn} \end{bmatrix} \quad \text{あるいは} \quad \begin{vmatrix} a_{11} & a_{12} & \cdots & a_{1n} \\ a_{21} & a_{22} & \cdots & a_{2n} \\ \cdots & \cdots & \cdots & \cdots \\ a_{n1} & a_{n2} & \cdots & a_{nn} \end{vmatrix}$$

と表される．

具体的には，2×2 の行列の場合には

$$\begin{vmatrix} a_{11} & a_{12} \\ a_{21} & a_{22} \end{vmatrix} = a_{11}a_{22} - a_{12}a_{21} \tag{5.4}$$

と定義される．すなわち「たすきがけ和」をとるのである．この定義式は，

「逆行列と行列式」 正方行列 A に対して，$AX = XA = E$ (E は単位行列) となる X を，A の**逆行列**といい A^{-1} と書く．A が 2×2 の行列

$$A = \begin{bmatrix} a & b \\ c & d \end{bmatrix}$$

のとき，その逆行列は

$$A^{-1} = \frac{1}{ad - bc} \begin{bmatrix} d & -b \\ -c & a \end{bmatrix}$$

で与えられる．この表式から，行列 A の行列式 $|A| = ad - bc$ がゼロのときには，A の逆行列は定義できないことがわかる．逆に $|A| \neq 0$ のときには，かならず上の式によって A^{-1} が定まるのである．行列式は，逆行列の有無を判定し，計算するのに欠かせない量である．

5.2 行列式の定義

$$\varepsilon_{ij} = \begin{cases} 1 & i=1, j=2 \text{ の場合} \\ -1 & i=2, j=1 \text{ の場合} \\ 0 & \text{それ以外の場合} \end{cases}$$

で定義される **2 階の反対称テンソル**と呼ばれる記号を導入すると，

$$\begin{vmatrix} a_{11} & a_{12} \\ a_{21} & a_{22} \end{vmatrix} = \sum_{i=1}^{2}\sum_{j=1}^{2} \varepsilon_{ij} a_{1i} a_{2j}$$

というようにも書きかえられる．

記号 ε_{ij} の値の決め方は，次のように理解するとよい．i, j は 1 か 2 であり，i と j が (12) の順番に並んでいるときは 1，その順序を 1 回入れかえて得られる (21) のときは -1，それ以外 (すなわち $(ij) = (11)$ と (22) のとき) はゼロである．すると，行列式の定義が 2×2 行列から 3×3 行列へ次のように拡張されることが，ごく自然に思われるのではないだろうか．

$$\begin{vmatrix} a_{11} & a_{12} & a_{13} \\ a_{21} & a_{22} & a_{23} \\ a_{31} & a_{32} & a_{33} \end{vmatrix} \equiv \sum_{i=1}^{3}\sum_{j=1}^{3}\sum_{k=1}^{3} \varepsilon_{ijk} a_{1i} a_{2j} a_{3k}. \tag{5.5}$$

ここで ε_{ijk} は第 1 章ですでに紹介した **3 階の反対称テンソル**であり，$i, j, k = 1, 2, 3$ に対して ε_{ijk} の値は，(ijk) が $(123), (231), (312)$ のいずれかのときは 1，(ijk) が $(213), (321), (132)$ のいずれかのときは -1，それ以外ではゼロである．

一般に n 個の数字の数列 $(i_1 i_2 \cdots i_n)$ があったとき，そのうちのどれか 2

「**逆行列と行列式 (つづき)**」例として
$$A = \begin{bmatrix} 5 & 3 \\ 2 & -4 \end{bmatrix}$$
を考えることにしよう．
$$\begin{vmatrix} 5 & 3 \\ 2 & -4 \end{vmatrix} = -20 - 6 = -26 \neq 0$$
なので，
$$\begin{bmatrix} 5 & 3 \\ 2 & -4 \end{bmatrix}^{-1} = -\frac{1}{26} \begin{bmatrix} -4 & -3 \\ -2 & 5 \end{bmatrix} = \begin{bmatrix} 2/13 & 3/26 \\ 1/13 & -5/26 \end{bmatrix}$$
と定まる．これを用いると，(5.2) は
$$\begin{bmatrix} x \\ y \end{bmatrix} = \begin{bmatrix} 5 & 3 \\ 2 & -4 \end{bmatrix}^{-1} \begin{bmatrix} 2 \\ 1 \end{bmatrix} = \begin{bmatrix} 11/26 \\ -1/26 \end{bmatrix}$$
と解ける．つまり，(5.1) の連立方程式の解は $x = 11/26, y = -1/26$ である．

つの数を入れ替えて並び方が異なる数列を作る操作を，**置換**という．例えば，n 個の数列の中の p 番目と q 番目の数を置換すると，

$$(i_1 i_2 \cdots i_n) \implies (i_1 \cdots i_{p-1} i_q i_{p+1} \cdots i_{q-1} i_p i_{q+1} \cdots i_n)$$

という数列が得られる．1つの数列に対して，何度も置換を行うと，いろいろと違った並び方が得られる．さて，上の (ijk) は3つの数字の数列であるが，$(123), (231), (312)$ を (123) から得るには，必ず置換を偶数回しなければならないことがわかるであろう．また，(123) に対して置換を奇数回すると，必ず $(213), (321), (132)$ のいずれかになることもわかる．前者のような数列を「(123) の**偶置換**」，後者のような数列を「(123) の**奇置換**」と呼ぶことにする．（(123) の1番目の数と2番目の数を置換すると (213) が得られるが，この (213) で再び1番目の数と2番目の数を置換すれば (123) に戻る．よって，(123) は (123) 自身の偶置換である．）すると第1章での ε_{ijk} の定義式 (1.24) は

$$\varepsilon_{ijk} = \begin{cases} 1 & (ijk) \text{ が } (123) \text{ の偶置換の場合} \\ -1 & (ijk) \text{ が } (123) \text{ の奇置換の場合} \\ 0 & \text{それ以外の場合} \end{cases} \tag{5.6}$$

ともいえる．それ以外の場合とは，例えば $(ijk) = (122)$ などのように，3つの数のうちいくつかが等しい場合である．このような数列は，(123) をいくら置換しても得ることはできない．

「**偶置換と奇置換**」 (123) の置換を具体的に考えてみよう．
まず (123) の1番目の数と2番目の数を置換すると

　　　　$(123) \implies (213)$

次に (213) の2番目の数と3番目の数を置換すると

　　　　$(213) \implies (231)$

(231) の1番目の数と2番目の数を置換すると

　　　　$(231) \implies (321)$

(321) の2番目の数と3番目の数を置換すると

　　　　$(321) \implies (312)$

(312) の1番目の数と2番目の数を置換すると

　　　　$(312) \implies (132)$

となる．確かに $(213), (321), (132)$ は (123) の奇置換であり，(231) と (312) は (123) の偶置換である．試しに (123) の1番目の数と3番目の数を1回置換すると (321) を得るが，これは上記の操作では3回置換した後に得られたものに等しい．いずれにせよ，これは奇置換である．

5.2 行列式の定義

3×3 の行列の行列式は，2×2 の行列の行列式に分解して計算することができる．次の例題を解いてみなさい．

例題 5.2 (1) 次の 3×3 の行列の行列式を計算しなさい．

$$A = \begin{bmatrix} 1 & 1 & -3 \\ 2 & 1 & -2 \\ 1 & -5 & 2 \end{bmatrix}. \tag{5.7}$$

(2) 3×3 の行列の行列式は，次の公式によって 2×2 の行列式の計算に帰着することができることを証明しなさい．

$$\begin{vmatrix} a_{11} & a_{12} & a_{13} \\ a_{21} & a_{22} & a_{23} \\ a_{31} & a_{32} & a_{33} \end{vmatrix}$$
$$= \begin{vmatrix} a_{21} & a_{22} \\ a_{31} & a_{32} \end{vmatrix} \times a_{13} - \begin{vmatrix} a_{11} & a_{12} \\ a_{31} & a_{32} \end{vmatrix} \times a_{23} + \begin{vmatrix} a_{11} & a_{12} \\ a_{21} & a_{22} \end{vmatrix} \times a_{33}. \tag{5.8}$$

(3) この公式を用いて，行列 A の行列式を求めなさい．

例題 5.2 の解答 (1) (5.5) の定義より

$$|A| = a_{11}a_{22}a_{33} + a_{12}a_{23}a_{31} + a_{13}a_{21}a_{32} - a_{13}a_{22}a_{31} - a_{11}a_{23}a_{32} - a_{12}a_{21}a_{33}$$

である．(5.7) の各成分を代入すると

$$|A| = 1\times 1\times 2 + 1\times(-2)\times 1 + (-3)\times 2\times(-5)$$
$$-(-3)\times 1\times 1 - 1\times(-2)\times(-5) - 1\times 2\times 2 = 19.$$

(2) (5.8) の 3 つの 2×2 の行列式をそれぞれ計算して代入し，式を整理すると，(5.5) と等しくなる．

(3) (5.8) を用いると

$$\begin{vmatrix} 1 & 1 & -3 \\ 2 & 1 & -2 \\ 1 & -5 & 2 \end{vmatrix} = \begin{vmatrix} 2 & 1 \\ 1 & -5 \end{vmatrix}\times(-3) - \begin{vmatrix} 1 & 1 \\ 1 & -5 \end{vmatrix}\times(-2) + \begin{vmatrix} 1 & 1 \\ 2 & 1 \end{vmatrix}\times 2$$
$$= -11\times(-3) - (-6)\times(-2) + (-1)\times 2$$
$$= 33 - 12 - 2 = 19.$$

5.3　行列式と体積

　行列式はいろいろなところで出てくるが，ここでは行列式が図形の面積や立体の体積を表すということを学ぼう．以下に述べることからも，先ほどの 3×3 の行列の行列式の定義が，2×2 の行列の行列式の定義の自然な拡張になっていることがうなずけるであろう．

　まず，2 成分の 2 個のベクトル $\boldsymbol{A} = (a_1, a_2), \boldsymbol{B} = (b_1, b_2)$ を隣り合う 2 辺として持つ**平行四辺形**を考えることにする．$\boldsymbol{A}$ と $\boldsymbol{B}$ とのなす角を θ とすると，

$$(\text{平行四辺形の面積}) = AB \sin \theta$$

である．第 1 章の外積の定義を思い出すと，これは 2 つのベクトルの外積 $\boldsymbol{A} \times \boldsymbol{B}$ の大きさ $|\boldsymbol{A} \times \boldsymbol{B}|$ に他ならないことがわかる．外積 $\boldsymbol{A} \times \boldsymbol{B}$ の向きは，この平行四辺形が描かれている平面に垂直な方向である．そこで，この平面を 3 次元デカルト座標の xy 面と思い，$\boldsymbol{A}, \boldsymbol{B}$ を 3 次元空間内のベクトルと考えると，$\boldsymbol{A} = (a_1, a_2, 0), \boldsymbol{B} = (b_1, b_2, 0)$ と書ける．すると，第 1 章で勉強したベクトルの外積の成分表示より，$\boldsymbol{A} \times \boldsymbol{B} = (0, 0, a_1 b_2 - a_2 b_1)$ であることになる．以上の事柄と，2×2 の行列の行列式の定義 (5.4) から

$$(\text{平行四辺形の面積}) = \begin{vmatrix} a_1 & b_1 \\ a_2 & b_2 \end{vmatrix} \tag{5.9}$$

であることが示せたことになる．

「ベクトルの外積の行列表示」　第 1 章のベクトルの外積の成分表示の式 (1.19) は，2×2 の行列の行列式の定義 (5.4) を用いると

$$\boldsymbol{A} \times \boldsymbol{B} = \begin{vmatrix} A_2 & B_2 \\ A_3 & B_3 \end{vmatrix} \boldsymbol{i} - \begin{vmatrix} A_1 & B_1 \\ A_3 & B_3 \end{vmatrix} \boldsymbol{j} + \begin{vmatrix} A_1 & B_1 \\ A_2 & B_2 \end{vmatrix} \boldsymbol{k}$$

と書き直せる．ここで，例題 5.2(2) の (5.8) の等式を用いると

$$\boldsymbol{A} \times \boldsymbol{B} = \begin{vmatrix} A_1 & B_1 & \boldsymbol{i} \\ A_2 & B_2 & \boldsymbol{j} \\ A_3 & B_3 & \boldsymbol{k} \end{vmatrix}$$

という表式を得ることができる．これが第 1 章の (1.22) である．

同様のことが，立体図形に対しても成立する．第 1 章の図 1.10 のように 3 つのベクトル $\boldsymbol{A}=(a_1,a_2,a_3), \boldsymbol{B}=(b_1,b_2,b_3), \boldsymbol{C}=(c_1,c_2,c_3)$ を隣り合う 3 辺とする平行六面体を考える．例題 1.1 の解答で

$$（平行六面体の体積）= (\boldsymbol{A}\times\boldsymbol{B})\cdot\boldsymbol{C}$$

であることを証明したが，これを成分表示すると (1.19) より，

$$\begin{aligned}(\boldsymbol{A}\times\boldsymbol{B})\cdot\boldsymbol{C} &= (a_2b_3-a_3b_2)c_1+(a_3b_1-a_1b_3)c_2+(a_1b_2-a_2b_1)c_3 \\ &= \begin{vmatrix}a_2&b_2\\a_3&b_3\end{vmatrix}\times c_1 - \begin{vmatrix}a_1&b_1\\a_3&b_3\end{vmatrix}\times c_2 + \begin{vmatrix}a_1&b_1\\a_2&b_2\end{vmatrix}\times c_3\end{aligned}$$

である．ここで，例題 5.2(2) の (5.8) の等式を用いると，これは 3×3 の行列の行列式に他ならないことがわかる．つまり，

$$（平行六面体の体積）= \begin{vmatrix}a_1&b_1&c_1\\a_2&b_2&c_2\\a_3&b_3&c_3\end{vmatrix} \tag{5.10}$$

が示されたことになる．

5.4　1 次独立と 1 次従属

3 個の 3 次元ベクトル $\boldsymbol{A},\boldsymbol{B},\boldsymbol{C}$ を考えよう．それらの任意の 1 つのベクトル，例えば $\boldsymbol{C}$ が他の 2 個のベクトル $\boldsymbol{A}$ と $\boldsymbol{B}$ を用いて

$$\boldsymbol{C}=\alpha\boldsymbol{A}+\beta\boldsymbol{B} \tag{5.11}$$

「ベクトルと行列式」2 次元ベクトル $\boldsymbol{A}=(a_1,a_2), \boldsymbol{B}=(b_1,b_2)$ をそれぞれ列ベクトル

$$\boldsymbol{A}=\begin{bmatrix}a_1\\a_2\end{bmatrix},\ \boldsymbol{B}=\begin{bmatrix}b_1\\b_2\end{bmatrix}$$

で表すことにする．すると，(5.9) の右辺は $\boldsymbol{A}$ と $\boldsymbol{B}$ を形式的に横に並べて得られる行列の行列式であるので，これを便宜的に

$$（ベクトル\boldsymbol{A}と\boldsymbol{B}を 2 辺とする平行四辺形の面積）=|\boldsymbol{AB}|$$

と表現してもよいであろう．次に $\boldsymbol{A},\boldsymbol{B},\boldsymbol{C}$ という 3 つの 3 次元ベクトルをそれぞれ 3 成分の列ベクトルで表したものを考えよう．それらをこの順番に横に並べて得られる行列の行列式を $|\boldsymbol{ABC}|$ と書くことにすると，(5.10) は

$$（ベクトル\boldsymbol{A},\boldsymbol{B},\boldsymbol{C}を 3 辺とする平行六面体の体積）=|\boldsymbol{ABC}|$$

と書けることになる．

というように表せるかどうかを考えてみよう．ここで，α, β はゼロでない数 (スカラー) である．

このように表せるとき，$\boldsymbol{C}$ は $\boldsymbol{A}$ と $\boldsymbol{B}$ の線形結合で書けるという．これは，図 5.3 のように 3 個のベクトルは同じ面に乗っている場合である．このとき 3 個のベクトルは互いに **1 次従属**であるともいう．1 次従属の場合，3 個のベクトルの作る平行六面体の体積はゼロである．したがって，前のページのコラムで述べた記述法を用いると

$$|\boldsymbol{ABC}| = 0$$

である．

これに対して，(5.11) のような線形結合で書けないとき，3 個のベクトルは互いに **1 次独立**をなすという．例えば，

$$\boldsymbol{A} = (1, 3, 2), \quad \boldsymbol{B} = (0, 1, 1), \quad \boldsymbol{C} = (0, 0, 1)$$

がその例である．

3 個のベクトルが 1 次独立か 1 次従属かを調べるには，3 個のベクトルを，前ページのコラムでしたように，それぞれ列ベクトルで表して，それらを横に並べて行列を作り，その行列式を計算すればよいことになる．行列式がゼロならば 1 次従属であり，ゼロでなければ 1 次独立という訳である．

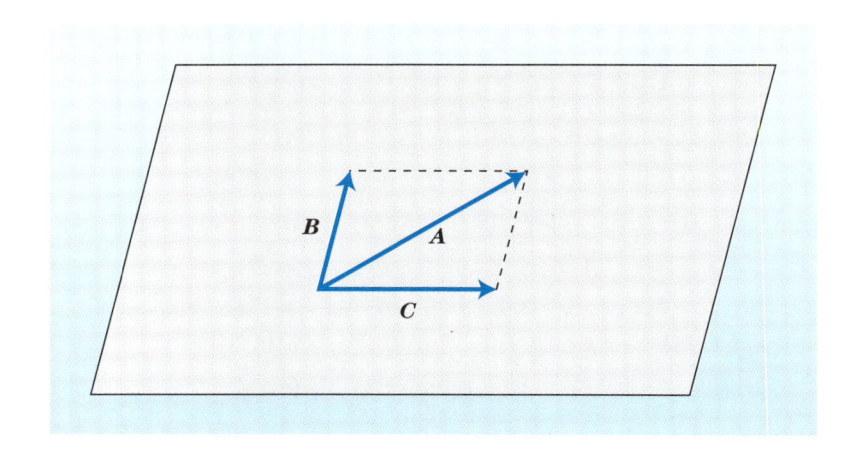

図 5.3　1 次従属の場合

5.5 行列の固有値と固有ベクトル

5.5.1 フィボナッチ数

行列の**固有値**と**固有ベクトル**が大変便利で，重要であることを示すために次のような例を考える．中世イタリアの数学者ピサのレオナルド，通称フィボナッチ (1170-1250)，は兎がいかに増えるかをモデルで示した．彼は，1 対の兎が誕生後 2 ケ月経過すると，それ以後，毎月 1 対の兎を出産すると仮定した．n ケ月後の兎の対の数を a_n とすれば，

$$a_n = a_{n-1} + a_{n-2} \tag{5.12}$$

という漸化式が得られる．初めに兎が 1 対であると仮定すれば ($a_0 = a_1 = 1$)，有名な**フィボナッチ数列**

$$1, 1, 2, 3, 5, 8, 13, 21, 34, \cdots$$

が得られる．n 代目の兎の数 a_n はいくらであろうか．

この問題を次のように考えてみよう．(5.12) はベクトルと行列で書けば，

$$\begin{bmatrix} a_{n+1} \\ a_n \end{bmatrix} = \begin{bmatrix} 1 & 1 \\ 1 & 0 \end{bmatrix} \begin{bmatrix} a_n \\ a_{n-1} \end{bmatrix}$$

と表せる．つまり

$$\boldsymbol{x}_n = \begin{bmatrix} a_n \\ a_{n-1} \end{bmatrix}, \quad A = \begin{bmatrix} 1 & 1 \\ 1 & 0 \end{bmatrix}$$

「**フィボナッチ数と黄金分割**」 フィボナッチ数は，古くから美しいとされた黄金分割と関係がある．辺の長さが b と $b+c$ ($b > c$) の長方形を考える．その長方形から 1 辺が b の正方形を取り除くと，2 辺が c と b の長方形ができる．このプロセスを繰り返したとき，できる長方形が全て相似である条件は，$\lambda_1 = (1+\sqrt{5})/2$ としたとき，$b = \lambda_1 c$ となることである．このような特別な長方形の分割を昔の人は**黄金分割**と呼んで，美しいものと考えた．

分割ではなく，**合併**のプロセスも考えることができる．図 5.4 のように，まず 2 辺が b と $b+c$ (ただし $b > c$) の長方形を描く．次に長い方の辺の上に長さが $b+c$ の正方形を描いてみる．元の長方形と，新たな正方形を合併してできた長方形の 2 辺は，$b+c$ と $2b+c$ である．このプロセスを繰り返すと，正方形の辺の長さは，$b \to b+c \to 2b+c \to 3b+2c, \cdots$ と次々に成長する．そして一般に n 番目の正方形の辺の長さは，フィボナッチ数を用いて $a_n b + a_{n-1} c$ と表されるのである．

と定義すると,
$$\boldsymbol{x}_{n+1} = A\boldsymbol{x}_n$$
である. $\boldsymbol{x}_n$ の初期値 $\boldsymbol{x}_1$
$$\boldsymbol{x}_1 = \begin{bmatrix} a_1 \\ a_0 \end{bmatrix} = \begin{bmatrix} 1 \\ 1 \end{bmatrix}$$
から出発して,
$$\boldsymbol{x}_n = \underbrace{AA\cdots A}_{(n-1)\text{個}}\boldsymbol{x}_1 = A^{n-1}\boldsymbol{x}_1 \tag{5.13}$$
と形式的な解が書ける. 形式的には書けても, 実際の値がどれほどになるかは定かでない. 行列の順序を変えなければ, 積を計算する順序は自由に変えてよいので, A のかけ算 A^{n-1} を先に行って, その結果を $\boldsymbol{x}_1$ にかければ $\boldsymbol{x}_n$ が求められる. そこで何個かの A のかけ算を計算してみよう:
$$AA = \begin{bmatrix} 2 & 1 \\ 1 & 1 \end{bmatrix}, \quad A^3 = \begin{bmatrix} 3 & 2 \\ 2 & 1 \end{bmatrix}, \quad A^4 = \begin{bmatrix} 5 & 3 \\ 3 & 2 \end{bmatrix}, \cdots.$$
確かに $A^{n-1}\boldsymbol{x}_1$ の第 1 成分がフィボナッチ数 a_n になっている.

このような複雑な結果がでる理由は A が**対角的**になっていないからである. もし行列が**対角行列**なら, 計算は簡単になる. 実際
$$B = \begin{bmatrix} \lambda_1 & 0 \\ 0 & \lambda_2 \end{bmatrix}, \quad B^2 = \begin{bmatrix} \lambda_1^2 & 0 \\ 0 & \lambda_2^2 \end{bmatrix}, \cdots, B^n = \begin{bmatrix} \lambda_1^n & 0 \\ 0 & \lambda_2^n \end{bmatrix} \tag{5.14}$$
であるからである.

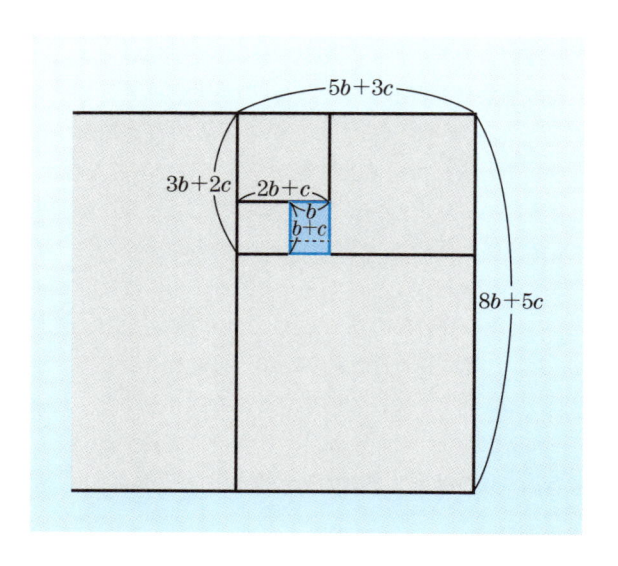

図 5.4 フィボナッチ数と合併のプロセス

(5.14) の形がヒントになる．$\boldsymbol{x}_1$ を次のように分解しよう：

$$\boldsymbol{x}_1 = c_1 \boldsymbol{e}_1 + c_2 \boldsymbol{e}_2. \tag{5.15}$$

ここで $\boldsymbol{e}_1, \boldsymbol{e}_2$ はある定数 λ_1 と λ_2 があって

$$A\boldsymbol{e}_1 = \lambda_1 \boldsymbol{e}_1$$
$$A\boldsymbol{e}_2 = \lambda_2 \boldsymbol{e}_2 \tag{5.16}$$

が成立するように定める．さらに，$\boldsymbol{e}_1, \boldsymbol{e}_2$ は単位ベクトルであり，互いに直交するという条件を課すことにする．

例題 5.3 与えられた条件を満たす (5.16) の答えは，

$$\lambda_1 = \frac{1}{2}\left[1+\sqrt{5}\right], \quad \boldsymbol{e}_1 = \frac{1}{\sqrt{1+\lambda_1^2}} \begin{bmatrix} \lambda_1 \\ 1 \end{bmatrix}$$
$$\lambda_2 = \frac{1}{2}\left[1-\sqrt{5}\right], \quad \boldsymbol{e}_2 = \frac{1}{\sqrt{1+\lambda_2^2}} \begin{bmatrix} \lambda_2 \\ 1 \end{bmatrix} \tag{5.17}$$

であることを示しなさい．

(5.16) を満たす λ_1, λ_2 を行列 A の固有値と呼び，$\boldsymbol{e}_1, \boldsymbol{e}_2$ を固有ベクトルと呼ぶ．$\boldsymbol{e}_1$ と $\boldsymbol{e}_2$ は互いに直交しているものとしたので，固有値と固有ベクトルが定まれば，

例題 5.3 の解答 (5.16) の問題は，「$A\boldsymbol{e} = \lambda \boldsymbol{e}$ を満たすスカラー λ と単位ベクトル $\boldsymbol{e}$ を求めなさい」というものである．すなわち

$$(A - \lambda E)\boldsymbol{e} = 0$$

を解けばよい．$|A - \lambda E| \neq 0$ であると，$A - \lambda E$ の逆行列が存在するので，$\boldsymbol{e} = (A-\lambda E)^{-1} O = O$ となってしまう．よって，条件を満たす単位ベクトル $\boldsymbol{e}$ を求めるためには $|A - \lambda E| = 0$ すなわち

$$\lambda^2 - \lambda - 1 = 0$$

でなければならない．この 2 次方程式を解くと，$\lambda = (1 \pm \sqrt{5})/2$ と定められる．そこで $\lambda_1 = (1+\sqrt{5})/2, \lambda_2 = (1-\sqrt{5})/2$ として (5.16) に代入すると，$i = 1, 2$ に対してそれぞれ，$\boldsymbol{e}_i$ の第 1 成分：第 2 成分 $= \lambda_i : 1$ でなければならないことがわかる．$|\boldsymbol{e}_1| = |\boldsymbol{e}_2| = 1$ かつ $\boldsymbol{e}_1 \cdot \boldsymbol{e}_2 = 0$ の条件を満たすようにすると，(5.17) と定まる．

$$c_1 = \boldsymbol{x}_1 \cdot \boldsymbol{e}_1 = \frac{1+\lambda_1}{\sqrt{1+\lambda_1^2}}, \quad c_2 = \boldsymbol{x}_1 \cdot \boldsymbol{e}_2 = \frac{1+\lambda_2}{\sqrt{1+\lambda_2^2}}$$

というように (5.15) の係数 c_1, c_2 は決まってしまう．(5.15) を (5.13) に代入すれば，(5.16) より

$$\boldsymbol{x}_n = A^{n-1}(c_1 \boldsymbol{e}_1 + c_2 \boldsymbol{e}_2) = c_1 \lambda_1^{n-1} \boldsymbol{e}_1 + c_2 \lambda_2^{n-1} \boldsymbol{e}_2$$

が成立する．ゆえに $\boldsymbol{x}_n$ の第 1 成分，すなわちフィボナッチ数 a_n は，

$$a_n = c_1 \frac{\lambda_1^n}{\sqrt{1+\lambda_1^2}} + c_2 \frac{\lambda_2^n}{\sqrt{1+\lambda_2^2}} = \frac{(1+\lambda_1)\lambda_1^n}{1+\lambda_1^2} + \frac{(1+\lambda_2)\lambda_2^n}{1+\lambda_2^2}$$

と求められる．これは

$$a_n = \frac{1}{\sqrt{5}}(\lambda_1^{n+1} - \lambda_2^{n+1}) \tag{5.18}$$

と等しい (章末問題 5.5 参照)．残念ながら見た目には整数であるかどうかわからない (章末問題 5.6 参照)．

大きな n ではどうなるであろうか．$\lambda_1 > 1$, $|\lambda_2| < 1$ であるから，大きな n では，

$$a_n = \frac{1}{\sqrt{5}} \lambda_1^{n+1}$$

であるから，λ_1 の等比級数になっている．

「**隣り合わせた 2 つのフィボナッチ数の比**」隣合わせた 2 つのフィボナッチ数の比を計算してみよう．

$$\frac{1}{1} = 1, \quad \frac{2}{1} = 2, \quad \frac{3}{2} = 1.5,$$

$$\frac{5}{3} = 1.667, \quad \frac{8}{5} = 1.600, \quad \frac{13}{8} = 1.625,$$

$$\frac{21}{13} = 1.615, \quad \frac{34}{21} = 1.619, \quad \cdots$$

となり，急速に $\lambda_1 = (1+\sqrt{5})/2 = 1.618\cdots$ に近づくことがわかる．つまりフィボナッチ数 a_n は，n が大きくなると**等比級数**に近づくのである．

5.5.2 結合振動子

2個の質点 (質量は同じ m) が図 5.5 のように強さの同じ 3 個のバネでつながっていて，両端のバネは壁に固定されている．質点 1 と 2 を平衡位置からずらし，そこで手を離す．質点 1 が右側に x_1，質点 2 が右側に x_2 だけ変位しているとすると，その運動方程式は

$$m\frac{d^2 x_1}{dt^2} = -kx_1 - k(x_1 - x_2),$$
$$m\frac{d^2 x_2}{dt^2} = -kx_2 - k(x_2 - x_1) \tag{5.19}$$

である．

この**線形連立微分方程式**を解くことはそんなに難しくない．

$$y = x_1 - x_2, \quad z = x_1 + x_2 \tag{5.20}$$

のような変数を導入すると易しくなる．実際，(5.19) の 2 つの式の差をとると，

$$m\frac{d^2 y}{dt^2} = -3ky \tag{5.21}$$

が得られ，2 つの式の和をとると，

$$m\frac{d^2 z}{dt^2} = -kz \tag{5.22}$$

という方程式が得られる．これらの方程式は簡単に解けて

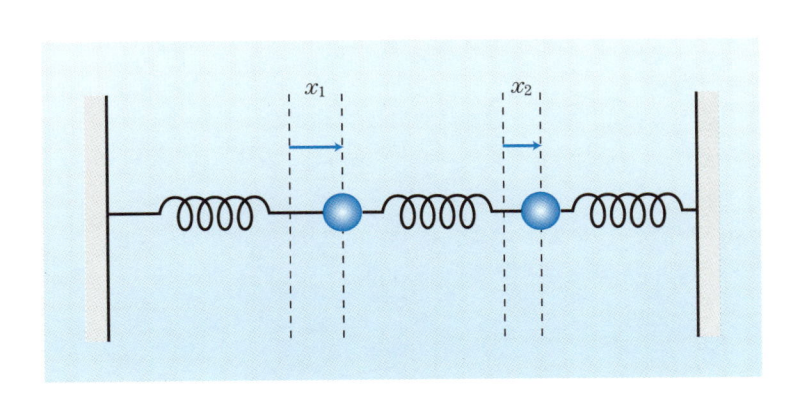

図 5.5 結合振動子系

$$y(t) = b_1 \cos\omega_1 t + b_2 \sin\omega_1 t,$$
$$z(t) = c_1 \cos\omega_2 t + c_2 \sin\omega_2 t \tag{5.23}$$

という一般解が得られる．ただし，

$$\omega_1 = \sqrt{3k/m}, \quad \omega_2 = \sqrt{k/m}$$

である．4つの未定定数 $b_i, c_i (i=1,2)$ は4個の初期値 $x_1(0), x_2(0), x_1'(0), x_2'(0)$ から決定される．

> **例題 5.4** (1) $c_1 = c_2 = 0$ の場合，x_1, x_2 は時間と共にどう変化するか説明しなさい．
> (2) $b_1 = b_2 = 0$ の場合，x_1, x_2 は時間と共にどう変化するか説明しなさい．

この**結合振動子系**の問題を行列を用いて解いてみよう．(5.19) の連立2階線形微分方程式は，

$$A = \begin{bmatrix} -2 & 1 \\ 1 & -2 \end{bmatrix}, \quad \boldsymbol{x} = \begin{bmatrix} x_1 \\ x_2 \end{bmatrix}$$

と定義すると，

$$\frac{d^2\boldsymbol{x}}{dt^2} = \frac{k}{m} A \boldsymbol{x} \tag{5.24}$$

と表せる．前節のフィボナッチ数の解法と同様にして，

> **例題 5.4 の解答** (5.20) より
> $$x_1 = \frac{1}{2}(y + z), \quad x_2 = \frac{1}{2}(-y + z)$$
> である．
> (1) $c_1 = c_2 = 0$ のときは (5.23) より z は恒等的にゼロなので，$x_1 = -x_2$ となる．つまり，2つの質点の重心は一定であり，互いに位相が π だけずれた**相対運動**をする．
> (2) $b_1 = b_2 = 0$ のときは，今度は (5.23) より y が恒等的にゼロなので，$x_1 = x_2 = z/2$ であり，2つの質点は同位相で運動する．

$$\boldsymbol{x} = c_1 \boldsymbol{e}_1 + c_2 \boldsymbol{e}_2 \tag{5.25}$$

と分解する．ただし，$\boldsymbol{e}_1, \boldsymbol{e}_2$ は，A の固有ベクトルになるように選ぶ．すなわち

$$A\boldsymbol{e}_i = \lambda_i \boldsymbol{e}_i, \quad i = 1, 2$$

である．この答えは，

$$\lambda_1 = -1, \quad \boldsymbol{e}_1 = \frac{1}{\sqrt{2}} \begin{bmatrix} 1 \\ 1 \end{bmatrix}, \quad \lambda_2 = -3, \quad \boldsymbol{e}_2 = \frac{1}{\sqrt{2}} \begin{bmatrix} 1 \\ -1 \end{bmatrix} \tag{5.26}$$

である．(5.26) から明らかなように $\boldsymbol{e}_1$ と $\boldsymbol{e}_2$ は互いに独立であるので，(5.25) を (5.24) に代入すれば，

$$\frac{d^2 c_1}{dt^2} \boldsymbol{e}_1 = \frac{k}{m} A \boldsymbol{e}_1 c_1 = \frac{k}{m} \lambda_1 \boldsymbol{e}_1 c_1, \quad \frac{d^2 c_2}{dt^2} \boldsymbol{e}_2 = \frac{k}{m} A \boldsymbol{e}_2 c_2 = \frac{k}{m} \lambda_2 \boldsymbol{e}_2 c_2$$

が出てくる．これより

$$\frac{d^2 c_1}{dt^2} = \frac{k}{m} \lambda_1 c_1, \quad \frac{d^2 c_2}{dt^2} = \frac{k}{m} \lambda_2 c_2$$

という独立な 2 つの微分方程式を得る．(5.26) のように，$\lambda_1 = -1, \lambda_2 = -3$ なので，c_1 が z に，c_2 が y に対応することは明らかである．このように，任意のベクトルを固有ベクトルの和で表すと問題は簡単になるのである．

「**座標変換とヤコビアン**」 2 次元デカルト座標 (x, y) から極座標 (r, θ) へ
$$x = r\cos\theta, \qquad y = r\sin\theta$$
によって座標変換したとき，**微小領域**の体積は $dxdy$ から $r\,drd\theta$ に変換されることを 3.3 節で学んだ．行列 J を
$$J = \begin{bmatrix} \dfrac{\partial x}{\partial r} & \dfrac{\partial x}{\partial \theta} \\ \dfrac{\partial y}{\partial r} & \dfrac{\partial y}{\partial \theta} \end{bmatrix}.$$
と定義する．この行列の行列式は
$$|J| = r$$
と求められる (章末問題 5.2)．行列式 $|J|$ は座標変換に伴う**ヤコビアン**と呼ばれる．これを用いると，微小領域の変換は
$$dxdy = |J| drd\theta$$
と表される (章末問題 5.3 を参照)．

5.6　章末問題

5.1 次の 2 つの行列の積を計算しなさい．
$$A = \begin{bmatrix} 1 & -2 & 3 \\ 1 & 0 & 1 \end{bmatrix}, \quad B = \begin{bmatrix} 1 & 1 & 1 \\ 2 & 1 & 1 \\ 1 & -5 & 1 \end{bmatrix}.$$
AB は計算可能であるが，BA は計算できないことを確かめなさい．

5.2 2 次元のデカルト座標 (x, y) から極座標 (r, θ) への変換は
$$x = r\cos\theta, \quad y = r\sin\theta$$
で与えられる．
(1) 次の行列の各成分を求めなさい．
$$J = \begin{bmatrix} \dfrac{\partial x}{\partial r} & \dfrac{\partial x}{\partial \theta} \\ \dfrac{\partial y}{\partial r} & \dfrac{\partial y}{\partial \theta} \end{bmatrix}.$$
(2) 行列 J の行列式 $|J|$ を求めなさい．

5.3 3 次元のデカルト座標 (x, y, z) から極座標 (r, θ, φ) への変換は
$$x = r\sin\theta\cos\varphi, \quad y = r\sin\theta\sin\varphi, \quad z = r\cos\theta$$
で与えられる．
(1) 次の行列の各成分を求めなさい．
$$J = \begin{bmatrix} \dfrac{\partial x}{\partial r} & \dfrac{\partial x}{\partial \theta} & \dfrac{\partial x}{\partial \varphi} \\ \dfrac{\partial y}{\partial r} & \dfrac{\partial y}{\partial \theta} & \dfrac{\partial y}{\partial \varphi} \\ \dfrac{\partial z}{\partial r} & \dfrac{\partial z}{\partial \theta} & \dfrac{\partial z}{\partial \varphi} \end{bmatrix}.$$
(2) 行列 J の行列式 $|J|$ を求めなさい．そして，3 次元微小領域の体積の変換は
$$dxdydz = |J|drd\theta d\varphi$$
で与えられることを確かめなさい．

5.4 3 個のベクトル $\boldsymbol{A} = (1, 1, 1), \boldsymbol{B} = (1, -2, 3), \boldsymbol{C} = (2, 1, a)$ が 1 次従属であるためには，a はいくらでなければならないか．

5.5 (5.18) を導きなさい．

5.6 (5.18) を計算機で数値計算して，フィボナッチ数を求めなさい．計算機ではどの精度で計算するかを最初に指定するが，**単精度**と**倍精度**の両方で計算し，(5.12) から直接的に求めたフィボナッチ数と比べなさい．

5.7 フィボナッチ数を求めるのに，本文中では行列を導入し，その固有値と固有ベクトルを用いるのが便利であることを示した．他の方法もある．それは $a_{n+1} = a_n + a_{n-1}$ を $a_{n+1} - \alpha a_n = \beta(a_n - \alpha a_{n-1})$, $a_0 = a_1 = 1$ のように書き換え，これから a_{n+1} を求める方法である．α と β を定めることにより，同じ結果を導きなさい．

5.8 結合振動子系の運動方程式 (5.19) の，右辺の各項の符号を正しく導くには，各々のバネから受ける力の方向を間違わないように注意しなければいけない．しかしもっと便利な間違いのない導き方もある．それはポテンシャルエネルギー $V(x_1, x_2)$ を使う方法である．

$$V(x_1, x_2) = \frac{1}{2}k(x_1^2 + x_2^2 + (x_1 - x_2)^2)$$

とすると，(5.19) 式の右辺はそれぞれ $-\partial V(x_1, x_2)/\partial x_1$ と $-\partial V(x_1, x_2)/\partial x_2$ で表されることを確かめなさい．

5.9
$$\boldsymbol{x} = \begin{bmatrix} x_1 \\ x_2 \end{bmatrix}, \quad A = \begin{bmatrix} -2 & 1 \\ 1 & -2 \end{bmatrix}$$

とおいて，次の微分方程式を考える．

$$\frac{d^2}{dt^2}\boldsymbol{x} = \frac{k}{m}A\boldsymbol{x}. \tag{5.27}$$

(1)
$$P = \frac{1}{\sqrt{2}}\begin{bmatrix} 1 & 1 \\ 1 & -1 \end{bmatrix}$$

とする．行列 P の逆行列 P^{-1} を求めなさい．

(2) 行列の積 $P^{-1}AP$ と PAP^{-1} を求めなさい．

(3) (5.27) の両辺に，左から行列 P をかける．$P^{-1}P = E$ (ただし E は 2×2 の単位行列) であるから

$$\frac{d^2}{dt^2}P\boldsymbol{x} = \frac{k}{m}PAP^{-1}P\boldsymbol{x} \tag{5.28}$$

となる．$\Lambda = PAP^{-1}$ として，また

$$P\boldsymbol{x} = \boldsymbol{y} = \begin{bmatrix} y_1 \\ y_2 \end{bmatrix} \tag{5.29}$$

とおくと，(5.28) は

$$\frac{d^2}{dt^2}\boldsymbol{y} = \frac{k}{m}\Lambda\boldsymbol{y}$$

と書ける．$\boldsymbol{y}$ の各成分 y_1, y_2 の満たすべき微分方程式を書き下しなさい．

(4) (3) で求めた微分方程式を解いて，y_1, y_2 に対する一般解を与えなさい．

(5) (5.29) の逆変換をすることにより，(4) の解から x_1, x_2 の一般解を求めなさい．

5.10 行列 $A = \begin{bmatrix} 1 & 2 \\ 2 & 4 \end{bmatrix}$ とする．

(1)
$$A\boldsymbol{x}_1 = \lambda_1 \boldsymbol{x}_1, \quad A\boldsymbol{x}_2 = \lambda_2 \boldsymbol{x}_2$$
を満たし，かつ
$$|\boldsymbol{x}_1| = |\boldsymbol{x}_2| = 1, \quad \boldsymbol{x}_1 \cdot \boldsymbol{x}_2 = 0$$
であるような，ベクトル $\boldsymbol{x}_1, \boldsymbol{x}_2$ (行列 A の固有ベクトル) と λ_1, λ_2 (行列 A の固有値) を求めなさい．

(2) 求められた固有ベクトルを用いて，ベクトル $\begin{bmatrix} 2 \\ 1 \end{bmatrix}$ を
$$\begin{bmatrix} 2 \\ 1 \end{bmatrix} = c_1 \boldsymbol{x}_1 + c_2 \boldsymbol{x}_2$$
と展開する．係数 c_1, c_2 を求めなさい．

ベクトル解析

　スカラーとベクトルについて詳しく勉強してきたが，それらの量が空間の各点ごとに指定されているとき，その空間にはスカラー場あるいはベクトル場が定義されているという．それらの場の空間的な変化の仕方を記述し，その様子を調べる道具がベクトル解析である．本章でベクトル解析で重要な役割を演じる勾配，発散，回転と呼ばれる3種類の演算を学んで，それらの直観的なイメージを身につけてもらう．また，ガウスの定理とストークスの定理を勉強しておこう．ここでの学習は，電磁気学を系統的に勉強するときにとても役立つはずである．

本章の内容

スカラー場とベクトル場
勾配
発散
ガウスの定理
回転
ストークスの定理
章末問題

6.1 スカラー場とベクトル場

場の概念は大変重要である．例として，ある部屋での温度を考えよう．季節は冬であり，暖房はしていないものとしよう．大きな部屋なので，太陽の光が差し込む南側の窓の近くは温度が高いが，そこから離れるにしたがって温度が下がっていく．温度は場所の関数である．座標 x の点での温度を $T(x)$ と書いたとき，$T(x)$ を温度場と呼ぶ．座標 x は連続的に分布するから，温度場は無限個の点での温度によって指定される．点 x は 1 次元の直線上にあってもよいし，2 次元の平面上にあってもよいし，一般的に 3 次元空間の点でもよい．温度はスカラー量であるので，**温度場**は**スカラー場**である．

地球大気中では，温度場の他に**圧力場**も考えられる．これは空気分子がどのように分布するかを表す**密度場**と関係するであろう．**重力ポテンシャル**も，電磁気学で習う**電気ポテンシャル**もスカラー場である．

他方，スカラーではなくベクトルとして定義される量が空間的に変動する場合，その場を**ベクトル場**と呼ぶ．ベクトル場としてよく知っている例に電場 $E(x)$ がある．**電場ベクトル**は，空間の各点で異なった大きさと向きをとる．磁場 $B(x)$ もベクトル場である．

流体の速度もベクトル場である．流体は膨大な数の分子の集まりである．分子はランダムな熱運動をしているが，各点 x ごとにその近傍での平均速度が定義できる．これを，場所 x の関数と見たのが流体**速度場** $u(x)$ である．

スカラー場やベクトル場の空間的な変化の様子を計算し，表現するのがベ

「100 万ドルの夢」 流体の速度場を決める方程式は**ナヴィエ・ストークス方程式**と呼ばれる．これは速度場の空間および時間変化を記述する微分方程式であり，本章で勉強する「勾配」や「発散」を用いて表される．速度場の 2 次の非線形方程式であり，その一般解は未知である．この方程式を解くことは，少なくとも次の 2 点においてとても重要である．

（1）賞金 100 万ドルが貰える．西暦 2000 年ミレニアム記念として，数学の未解決難問 7 題に対して，1 問につき 100 万ドルの懸賞金が懸けられた．ナヴィエ・ストークス方程式の解を見つける問題もその 1 つに指定されたのである．

（2）物体の周りの速度場が全てわかれば，物体に働く力が計算できる．その計算をもとにして形状を工夫すれば，飛行機でも新幹線でも，空気抵抗を可能な限り少なくすることができるはずである．これによって，世界全体のエネルギー消費の節減に多大な貢献ができることになるであろう．

クトル解析である．そこで登場する勾配，発散，回転という3種類の微分演算の具体的なイメージを，本章で直観的につかんで欲しい．

6.2　勾配

具体的なイメージを思い浮かべながら話を進めるために，高度場 $h(x,y)$ を取り上げることにしょう．地球上には山があり平野がある．山にしても，高いものも低いものもある．$h(x,y)$ は地球を平面と見なして，その各点 (x,y) での高度を表す．通常は海の表面からの高さを測って，海抜100mというような言い方をするが，高度の基準はどこにとってもよい．2次元上での高度分布を視覚的に表すために，図6.1のように**等高線**を用いる．地図にあるように高度を適当な間隔で選び，等しい高度の点を結んで等高線を描く．例えば，高度100m, 200m, … というようにである．

図6.1の等高線図から何がわかるだろうか．まず点Aも点Bも，高度が100mと200mの間であることがわかる．さらには，Aでの勾配はBでの勾配より大きい可能性が大であることもわかるであろう．Bでは平均として10km行く間に100m上昇しているが，Aでは3km行く間に100m上昇しているからである．しかしこれはあくまで平均としての話である．ひょっとすると，ちょうどBの地点に急な坂道があるかもしれない．

このように，等高線図には2つの役割がある．1つは各点の高度が大体いくらであるかを示すことである．2つ目には，その点での平均的な勾配を示すことである．

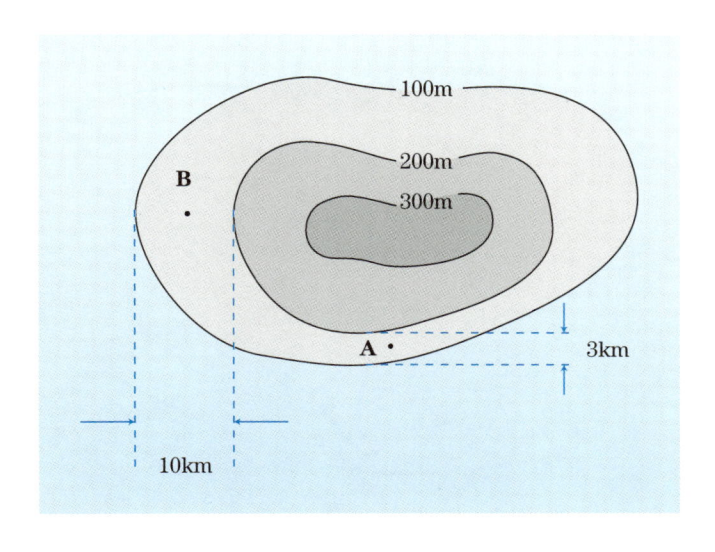

図6.1　等高線：点Aと点Bとでは勾配が異なる．

平均勾配ではなくて,「ちょうど点 $\boldsymbol{x} = (x, y)$ での勾配」というのはどのようにして求めればよいだろうか. 図 6.2 のように, 点 $\boldsymbol{x}$ とそこから少し離れた点 $\boldsymbol{x} + d\boldsymbol{x}$ での高度差 Δh に注目しよう:

$$\Delta h = h(x + dx, y + dy) - h(x, y)$$

関数 $h(x, y)$ は滑らかに変化すると仮定して, 上の式の右辺第 1 項をテイラー展開すると

$$\Delta h = \left(h(x, y) + dx \frac{\partial h}{\partial x} + dy \frac{\partial h}{\partial y} \right) - h(x, y) = dx \frac{\partial h}{\partial x} + dy \frac{\partial h}{\partial y} \quad (6.1)$$

を得る. ここで $\frac{\partial h}{\partial x}, \frac{\partial h}{\partial y}$ は点 (x, y) での h の**偏導関数**である[*1].

(6.1) の右辺は 2 つのベクトル

$$(dx, dy), \quad \left(\frac{\partial h}{\partial x}, \frac{\partial h}{\partial y} \right)$$

の内積であることがわかる. この最初のものは微小変位を表す**変位ベクトル** $d\boldsymbol{x}$ である. 第 2 のベクトルを ∇h と書くことにする. ∇ は, 各成分が微分演算であるようなベクトルである:

[*1] 2.6 節では**偏微分**を $\left(\frac{\partial h}{\partial x} \right)_y$ などと書き, x で偏微分するとき y の値を固定することを, 添え字 y を付けて明示した. 本節では, h は x と y だけの関数であり, x で微分するときには y の値は固定することをあらかじめ仮定しておくことにしよう. このような場合には, 偏微分の記号に添え字を付けるのを省略してしまって構わない.

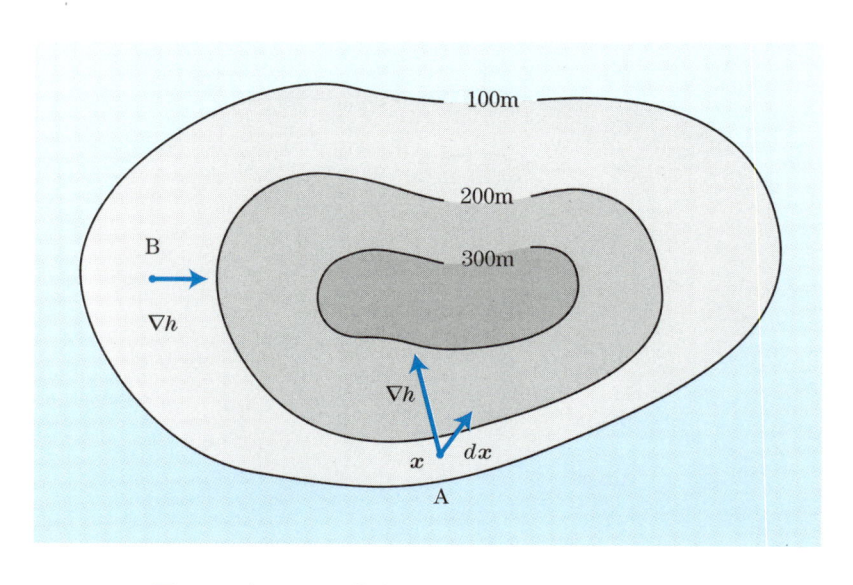

図 6.2　点 $\boldsymbol{x}$ (A で指定される) での勾配ベクトル ∇h

$$\nabla = \left(\frac{\partial}{\partial x}, \frac{\partial}{\partial y}\right).$$

∇ は，グラッドあるいは**ナブラ**と呼ばれたり，**勾配**と呼ばれたりする．

図 6.2 の $d\boldsymbol{x}$ と ∇h の関係を見て欲しい．等高線図が与えられれば ∇h は一意的に決まる．ベクトル ∇h の方向は勾配が最も急な方向であり，増える向きに向く．大きさはそちらの方向に単位長さだけ行ったときの h の変化の絶対値である．図 6.2 に示したように，点 A での勾配 ∇h は点 B での勾配 ∇h より大きなベクトルであることになる．

各点での高度ではなく，各点での**勾配ベクトル** ∇h のみが与えられているとしよう．すなわち目が良くなくて自分の近傍のことしかわからない，アリの目から眺めてみるのである．そのようなアリが，図 6.3 のように道筋 C を辿って，点 A から B へ移動したとしよう．このときアリがトータルとして登った高さ H を求めてみたい．C 上の点 $\boldsymbol{x}$ を P，点 $\boldsymbol{x}+d\boldsymbol{x}$ を Q とする．点 P から点 Q に行く間にアリが登る高さを dh と書くことにすると，上で見たように

$$dh = (dx, dy) \cdot \left(\frac{\partial h}{\partial x}, \frac{\partial h}{\partial y}\right) = h(x+dx, y+dy) - h(x, y) = h_Q - h_P$$

である．H はこれを，アリが辿った**経路** C に沿って点 A から点 B まで足し合わせればよいので，

$$H = \int_C dh = h_B - h_A \tag{6.2}$$

と求められる．この結果から，アリが別な道筋 C' を辿って A から B へ行っ

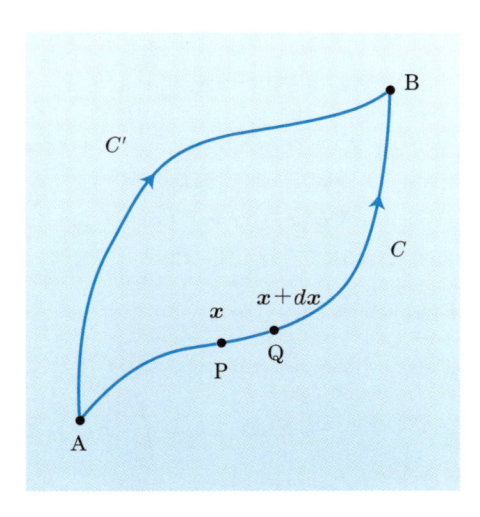

図 6.3　アリが A から B へ行くのに辿る経路 C

たとしても，トータルとして登る高さは等しいことがわかる．つまり「アリが登った高さは経路 C にはよらず，最初の点での高度と最後の点での高度の差に等しい」ということが言えるのである．

経路 C の上に，大きさが ds で，経路 C の進む向きを持つ微小なベクトル $d\boldsymbol{s}$ を定義する．これを**線要素ベクトル**と呼ぶ．こうすると，(6.2) の積分は

$$H = \int_C d\boldsymbol{s} \cdot \nabla h \tag{6.3}$$

と表せる．このように経路に沿って計算する積分を**線積分**という．

経路上の各点 $\boldsymbol{x}$ での $d\boldsymbol{s}$ と，そこでの勾配 ∇h とのなす角度を θ とすれば，

$$d\boldsymbol{s} \cdot \nabla h = |\nabla h| \cos\theta \, ds$$

である．$f(x) = |\nabla h| \cos\theta$ と書くことにすると，線積分 (6.3) は $f(\boldsymbol{x})ds$ というスカラー量を経路に沿って足し合わせたものである．線積分とはいっても，「微小線分要素に分割し，各々の要素の寄与を書き下して，それらを足し合わせる」という，第 3 章で学んだ定積分の定義に従っているのであるから，概念的には少しも難しくない．

最後に電場について述べておく．時間的な変化のない**静電場**は，**静電ポテンシャル** φ を用いて

$$\boldsymbol{E} = -\nabla \varphi \tag{6.4}$$

と書ける．

「ポテンシャル・エネルギーの勾配」ある粒子がポテンシャルエネルギー $U(\boldsymbol{x})$ の中を運動しているとしよう．3 次元に拡張された勾配 $\nabla = \left(\dfrac{\partial}{\partial x}, \dfrac{\partial}{\partial y}, \dfrac{\partial}{\partial z}\right)$ を導入すると，点 $\boldsymbol{x}$ の粒子に働く力は $\boldsymbol{F}(\boldsymbol{x}) = -\nabla U(\boldsymbol{x})$ で与えられる．点 $\boldsymbol{x}$ から $\boldsymbol{x} + d\boldsymbol{x}$ まで微小変位の間に粒子が得るエネルギーは，力のベクトル $\boldsymbol{F}$ と変位ベクトル $d\boldsymbol{x}$ の内積 $\boldsymbol{F}(\boldsymbol{x}) \cdot d\boldsymbol{x} = -\nabla U(\boldsymbol{x}) \cdot d\boldsymbol{x} = U(\boldsymbol{x}) - U(\boldsymbol{x} + d\boldsymbol{x})$ であるから，ある経路 C を通って A から B まで行く間には

$$\int_C \boldsymbol{F}(\boldsymbol{x}) \cdot d\boldsymbol{x} = U_A - U_B$$

のエネルギーを得る．結果は U_A と U_B の差のみで決まり，経路 C によらない．閉じた経路を 1 周して出発点に帰ってくると，$\oint \boldsymbol{F}(\boldsymbol{x}) \cdot d\boldsymbol{x} = \int_A^A \boldsymbol{F}(\boldsymbol{x}) \cdot d\boldsymbol{x} = 0$ である．つまりポテンシャルで書ける力だけが粒子に働くときには，任意の経路に沿って 1 周したとき，粒子が受ける仕事はゼロである．逆に 1 周したときの仕事がゼロならば，働く力はポテンシャルで書ける．

6.3 発散

池の中に湧き水の源があるとしよう．単位時間当たりに湧き出る水の量 Q を計算しよう．そのためには，図 6.4 のように水源を囲む面 S をとり，その面を通って単位時間に流れ出る水の量を計算すればよい．S は球面である必要がない．

図 6.5 のように S の一部に**微小面**(面積 da とする)をとり，それを通ってどれだけの体積の水が，単位時間に流れ出るかを調べる．この微小面上での水の速度ベクトルを $\boldsymbol{u}$ としよう．$\boldsymbol{u}$ は場所によるベクトル場であるが，微小面を考えているので，その面上での $\boldsymbol{u}$ の変化は小さくて無視できる．速度ベクトル $\boldsymbol{u}$ と，この微小面に垂直な軸とのなす角度を θ とすると，単位時間にこの微小面を通過する水の体積は

$$dQ = u\,da\cos\theta \tag{6.5}$$

である (章末問題 6.3 を参照).

日常生活では面積はスカラー量であるが，ここでは以下のように，ベクトル量として拡張しておくことにする．図 6.5 に示したように，**閉曲面** S 上の微小面に垂直で，S の内側 (水源を含む側) から外側に向かう単位ベクトルを $\boldsymbol{n}$ と定義する．このような単位ベクトルを，この面の**法線ベクトル**という．大きさが面積 da であり，法線ベクトル $\boldsymbol{n}$ の向きを持つベクトルを $d\boldsymbol{a}$ とする．つまり $d\boldsymbol{a} = da\,\boldsymbol{n}$ である．これを**面要素ベクトル**と呼ぶことにする．こうす

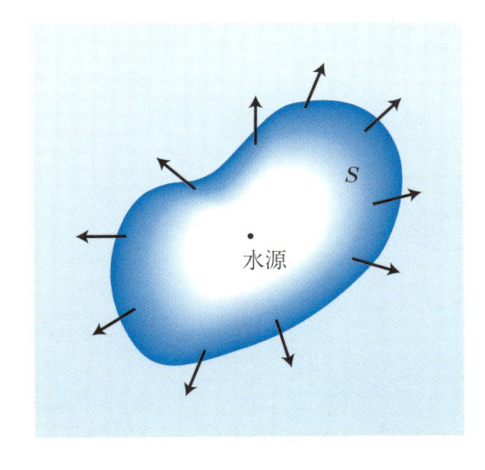

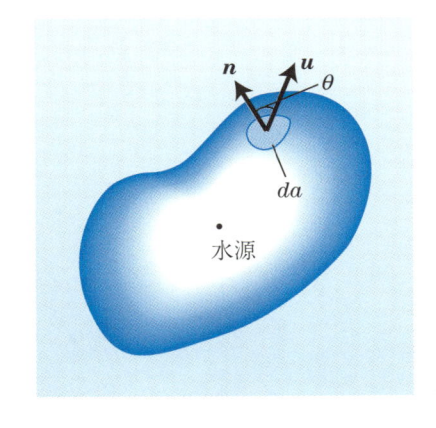

図 6.4 水源を囲む面 S を通って水は流れ出る．

図 6.5 微小面積要素 da．水は速度 $\boldsymbol{u}$ で内から外へ流れ出る．$\boldsymbol{n}$ は法線ベクトル．

ると，(6.5) は
$$dQ = \bm{u} \cdot d\bm{a}$$
と書き直せることになる．単位時間に面 S を通過して外に流れ出る水の総体積は，これを面全体について足し合わせればよいので，
$$Q = \int_S \bm{u} \cdot d\bm{a} \tag{6.6}$$
と表される．このような積分を**面積分**と呼ぶ．

(6.6) において，$\bm{u}(\bm{x}) = \bm{U}$ のように速度ベクトルが空間的に一定である場合には，$Q = \bm{U} \cdot \int_S d\bm{a} = 0$ である．なぜなら，面要素ベクトルを閉じた曲面 S 上で足し合わせると，必ずゼロとなるからである (章末問題 6.7 を参照)：
$$\int_S d\bm{a} = 0. \tag{6.7}$$
この結果は，**一様な流速場**では，その中の閉曲面 S で囲まれた領域 V に含まれる水の量は，常に一定であることを意味する．

図 6.6 のように，点 $\bm{x} = (x, y, z)$ を中心にした 3 辺が dx, dy, dz の直方体を考え，その直方体を内側から外側へ流れ出る流体の体積を計算しよう．まず xy 面に平行な 2 つの面 S_1 と S_2 を出入りする体積を考える．面 S_1 の z 座標は $z - dz/2$ であり，面 S_2 の z 座標は $z + dz/2$ である．面要素ベクトルは，直方体の内側から外側に向くものとして定義するので，面 S_1 の面要素ベクトルは $-dxdy\hat{z}$ であり，S_2 の面要素ベクトルは $dxdy\hat{z}$ である．単位

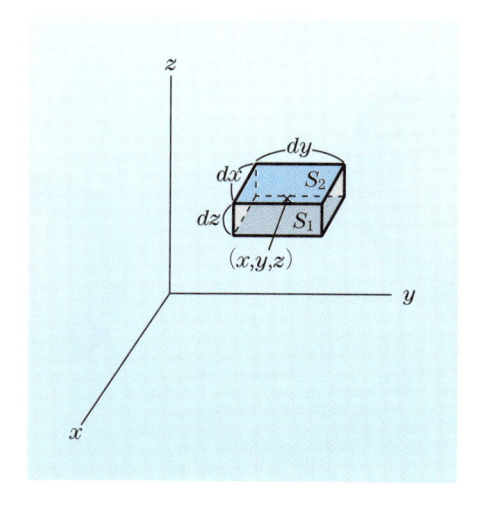

図 6.6 微小直方体から単位時間に流れ出る水の量

時間に S_1 と S_2 から出る水の量は[*2]

$$dxdy[u_z(x,y,z+dz/2) - u_z(x,y,z-dz/2)] = dxdydz\frac{\partial u_z}{\partial z}$$

である．yz に平行な 2 面，zx に平行な 2 面を出る流体の体積はそれぞれ $dxdydz\dfrac{\partial u_x}{\partial x}$ と $dxdydz\dfrac{\partial u_y}{\partial y}$ であるので，全体では

$$dQ = dxdydz\left(\frac{\partial u_x}{\partial x} + \frac{\partial u_y}{\partial y} + \frac{\partial u_z}{\partial z}\right)$$

となる．dQ は $dV = dxdydz$ に比例するので，dQ を dV で割れば $dV \to 0$ の極限が存在する．その値を $\mathrm{div}\,\boldsymbol{u}$ あるいは $\nabla \cdot \boldsymbol{u}$ と書く：

$$\mathrm{div}\,\boldsymbol{u} = \nabla \cdot \boldsymbol{u} = \lim_{dV \to 0} \frac{\int_S \boldsymbol{u} \cdot d\boldsymbol{a}}{dV}. \tag{6.8}$$

すなわち

$$\mathrm{div}\,\boldsymbol{u} = \nabla \cdot \boldsymbol{u} = \frac{\partial u_x}{\partial x} + \frac{\partial u_y}{\partial y} + \frac{\partial u_z}{\partial z}$$

である．$\mathrm{div}\,\boldsymbol{u}$ を $\boldsymbol{u}$ の**発散**と呼ぶ．これは，単位時間に単位体積の空間から流れ出る流体の体積を表している．

微小体積 dV を考えると，dV の中の流体の量が一定である条件は，$\boldsymbol{U}$ が一定である必要はなく，$\mathrm{div}\,\boldsymbol{u} = 0$ であればよいのである．

[*2] S_1 上の z 速度成分を $u_z(x,y,z-dz/2)$ で代表させたが，$u_z(x+\alpha dx, y+\beta dy, z-dz/2)$，$-1/2 \leq \alpha, \beta \leq 1/2$ で代表させても構わない．α, β, γ の値のとり方による値の差は，$dx, dy, dz \to 0$ の極限では無視できるからである．

「**必要条件と十分条件**」「B であれば A である」とき，B は A であるための**十分条件**であるという．ここで注意しなければいけないのは，「B であれば A」であったとしても，必ずしもその逆，すなわち「A であれば B である」とは言えないということである．「A であれば必ず B である」ときには，B は A の**必要条件**であるという．この 2 つの条件が両方とも成り立っているときは，**必要十分条件**が成立しているという．
さて，「(A) V の流体の体積が一定である」ためには，「(B) 流体の速度場 $\boldsymbol{u}$ が一定である」は十分条件である．しかし本文中で説明したように，(B) は (A) の必要条件ではない．この場合，(A) の必要十分条件は「(C) $\mathrm{div}\,\boldsymbol{u} = 0$」である．

6.4 ガウスの定理

次に微小体積ではなく，体積 V を持つ有限の大きさの領域を考えよう．その表面を S とする．図 6.7 のように，この有限領域 V を微小領域で分割することにしよう．i 番目の微小領域の体積を δV_i，その表面を δS_i と書くことにする．この i 番目の微小領域の中で計算した $\boldsymbol{u}$ の発散を $[\text{div}\,\boldsymbol{u}]_i$ と書くことにすると，(6.8) より

$$\int_{\delta S_i} \boldsymbol{u} \cdot d\boldsymbol{a} = \delta V_i [\text{div}\,\boldsymbol{u}]_i$$

という等式が得られる．上の式の両辺において i についての和をとる：

$$\sum_i \int_{\delta S_i} \boldsymbol{u} \cdot d\boldsymbol{a} = \sum_i \delta V_i [\text{div}\,\boldsymbol{u}]_i.$$

右辺は，$\text{div}\,\boldsymbol{u}$ を領域 V 全体にわたって足し合わせた $\int_V \text{div}\,\boldsymbol{u}\, dV$ に等しい．ここで $dV = dxdydz$ である．左辺の和については，次のような考察ができる．隣合わせの2個の微小領域を考える．1つの微小領域から流出した流体は，隣の微小領域に流入する．したがって隣合わせの微小領域どうしで，流出と流入が互いにキャンセルする．i について足し算すると，隣に微小領域がないところの流れだけが打ち消されることなく残る．つまり，微小領域の表面 δS_i の内でもともとの有限領域 V の表面 S の一部を成している部分だけが，(6.4) の左辺に寄与する．結局

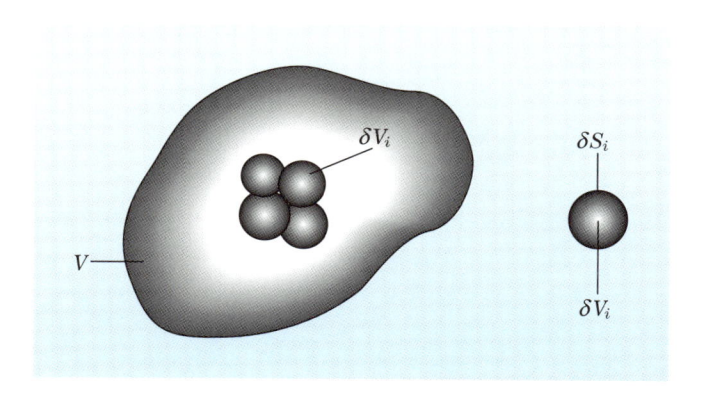

図 6.7 V を微小体積に分割する．微小体積 δV_i の表面を δS_i で表す．

6.4 ガウスの定理

$$\int_S \boldsymbol{u} \cdot d\boldsymbol{a} = \int_V \operatorname{div} \boldsymbol{u}\, dV \tag{6.9}$$

という等式が得られることになる．(6.9) を**ガウスの定理**と呼ぶ．

電磁気学で登場する電場ベクトル $\boldsymbol{E}$ の振舞いは，それと速度ベクトル $\boldsymbol{u}$ との類似性に注目すると，直観的にイメージできるようになる．ある表面 S 上での面積分

$$\int_S \boldsymbol{E} \cdot d\boldsymbol{a}$$

は S を通り抜ける電場の束と呼ばれる．この量は S で囲まれた領域に含まれる電荷 q に比例する：

$$\int_S \boldsymbol{E} \cdot d\boldsymbol{a} = \frac{q}{\varepsilon_0}.$$

ただし，ε_0 は真空の誘電率である．上の式の左辺でガウスの定理 (6.9) を用いる．他方，$\rho(\boldsymbol{x})$ を位置 $\boldsymbol{x}$ での**電荷密度**とすると，$\rho(\boldsymbol{x})dV$ が微小体積 dV に含まれる電荷であるから

$$q = \int_V \rho(\boldsymbol{x})dV \tag{6.10}$$

が成り立つ．これを右辺に代入すれば，

$$\int_V \operatorname{div} \boldsymbol{E}(\boldsymbol{x})dV = \frac{1}{\varepsilon_0}\int_V \rho(\boldsymbol{x})dV$$

が得られる．この式で $V \to 0$ の極限をとると，

$$\operatorname{div} \boldsymbol{E} = \frac{\rho}{\varepsilon_0}$$

となる．これは電磁気学で，**ポアッソンの関係式**と呼ばれる．

「**発散と保存則**」 発散の概念は保存則の観点から重要である．電磁気学の問題を考えよう．体積 V で表面積 S の領域を考える．表面 S の各点ごとに，電荷の流れる方向に垂直な単位面積を単位時間あたりに内側から外側に通りすぎる電荷の総量を大きさに持つベクトル $\boldsymbol{J}(\boldsymbol{x})$ を指定する．これは**電流密度**と呼ばれる．(**電流ベクトル**は $\boldsymbol{J}$ を導線の断面全体について積分したものである．) 単位時間当たり V から流れ出る電荷は，ガウスの定理を用いると

$$\int_S \boldsymbol{J} \cdot d\boldsymbol{a} = \int_V \nabla \cdot \boldsymbol{J}\, dV$$

である．他方各時間において，領域 V の中に残っている電荷を $q(t)$ とすると，電荷の保存則より

$$\frac{\partial q}{\partial t} = -\int_S \boldsymbol{J} \cdot d\boldsymbol{a}.$$

この式に (6.10) を代入し，上の式と連立させてから $V \to 0$ の極限をとれば，

$$\frac{\partial \rho}{\partial t} + \nabla \cdot \boldsymbol{J} = 0 \tag{6.11}$$

という方程式が得られる．電荷の**連続の式**と呼ばれている．

6.5 回転

鳴門の渦潮はある回転軸の周りに，海水が回転している現象である．流体が渦巻いていることを表すには，どのような量を用いればよいであろうか．図 6.8 のように軸 e に垂直な面をとり，その面上に**閉曲線** C をとる．速度場が軸の周りに回転しているということは

$$\Gamma = \oint_C \boldsymbol{u} \cdot d\boldsymbol{s}$$

がゼロでないことを意味する．Γ を C に沿っての**循環**と呼ぶ．明らかに閉曲線を反対向きにとると Γ の符号が変わるので，どちら向きに C を選ぶかが重要である．通常は，**右ねじ**が軸の正の向きに進むように回す方向を C の正の向きに選ぶことにする．

もし速度場が $\boldsymbol{u}(\boldsymbol{x}) = \boldsymbol{U} =$ 一定なら，$\Gamma = \boldsymbol{U} \cdot \oint_C d\boldsymbol{s} = 0$ である (章末問題 6.12)．したがって速度場が空間的に変化しなければ，循環はゼロである．

発散と同じように，速度場の循環を局所的に表現してみよう．図 6.9 のように，z 軸に垂直な平面上に微小な長方形 ABCD を考える．この長方形の中心を (x, y, z) として，2 辺の長さを dx と dy とする．この長方形を 1 周したときの**微小循環** $d\Gamma$ は

$$\begin{aligned}d\Gamma = \oint_C \boldsymbol{u} \cdot d\boldsymbol{s} =\ & u_y(x+dx/2, y)dy - u_x(x, y+dy/2)dx \\ & - u_y(x-dx/2, y)dy + u_x(x, y-dy/2)dx\end{aligned}$$

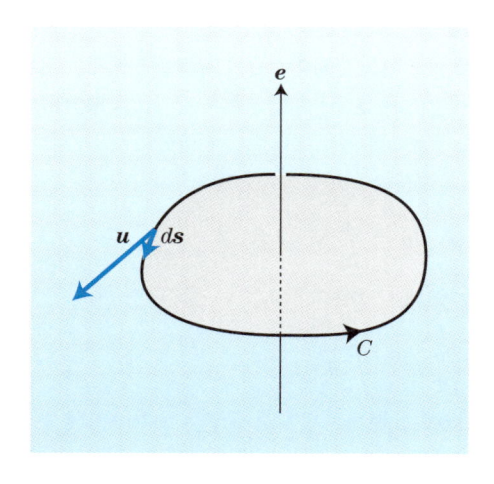

図 6.8 軸 e を垂直に切る面上に選ばれた閉曲線 C に沿っての循環

6.5 回転

で与えられる．ここで右辺は順に AB, BC, CD, DA の寄与を表す．右辺の各項を，(x,y) の周りでテイラー展開すると，$d\Gamma = dxdy\left(\dfrac{\partial u_y}{\partial x} - \dfrac{\partial u_x}{\partial y}\right)$ が得られる．$d\Gamma$ は微小面積 $da = dxdy$ に比例するから，$d\Gamma$ を da で割った極限値が存在する．これを rot $\boldsymbol{u}$ というベクトルの z 成分と定義する：

$$[\mathrm{rot}\,\boldsymbol{u}]_z = \frac{\partial u_y}{\partial x} - \frac{\partial u_x}{\partial y}. \tag{6.12}$$

右辺は ∇ ベクトルと $\boldsymbol{u}$ ベクトルの外積の z 成分であることが，外積の定義からわかる．そこで一般に，

$$\mathrm{rot}\,\boldsymbol{u} = \nabla \times \boldsymbol{u} = \begin{bmatrix} \dfrac{\partial u_z}{\partial y} - \dfrac{\partial u_y}{\partial z} \\ \dfrac{\partial u_x}{\partial z} - \dfrac{\partial u_z}{\partial x} \\ \dfrac{\partial u_y}{\partial x} - \dfrac{\partial u_x}{\partial y} \end{bmatrix}$$

と定義することにする．これを，ベクトル場 $\boldsymbol{u}$ の**回転**，あるいは**ローテーション** (rot) と読む．rot $\boldsymbol{u}$ は，微小面積あたりの循環の大きさを表すものであるとイメージして欲しい．なお，rot という記号の代わりに curl(カール) を用いることもある．

最後に静電場 $\boldsymbol{E}$ の回転についてふれておく．静電場はポテンシャル φ を用いて (6.4) のように表されるから

$$\mathrm{rot}\,\boldsymbol{E} = 0$$

となる (章末問題 6.16).

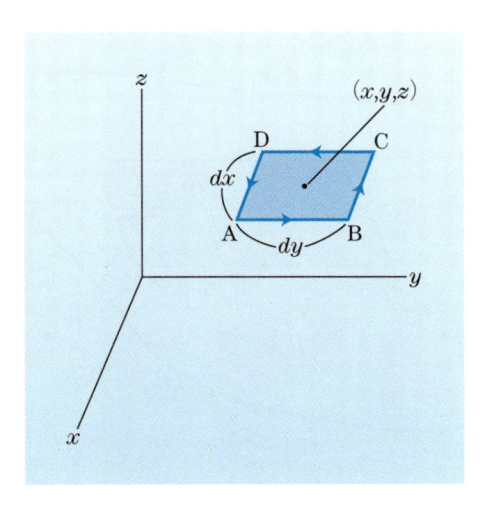

図 6.9 z 軸に垂直な面上に選ばれた長方形の微小閉曲線．中心は (x,y,z) である．

6.6 ストークスの定理

回転 rot u は微小面積要素の単位面積当たりの循環であることを上で示した．それでは微小面積に限定しないで，一般的な面の縁で定義された循環はrot u とどのような関係にあるだろうか．図 6.10 のような面 S とその縁 C を考えよう．この面は曲面であってもよい．

この面を微小面に分割する．i 番目の微小面の面積を δS_i とし，その縁を δC_i とする．前節で，i 番目の要素に対して

$$\int_{\delta S_i} \text{rot}\, u \cdot da = \oint_{\delta C_i} u \cdot ds$$

であることを導いた．この式の両辺において，i についての和をとる：

$$\sum_i \int_{\delta S_i} \text{rot}\, u \cdot da = \sum_i \oint_{\delta C_i} u \cdot ds. \tag{6.13}$$

左辺の積分は全面積 S での面積分に等しい．右辺は次のようになる．隣合わせの微小面積では，それらが接している線上では閉曲線の線分の方向が反対である．したがってそれらの線分の (6.13) に対する寄与は互いにキャンセルする．(6.13) の右辺で残るのは，相手がみつからない一番外の閉曲線からの寄与のみである．ゆえに

$$\oint_C u \cdot ds = \int_S \text{rot}\, u \cdot da$$

という関係式が得られる．この等式は**ストークスの定理**と呼ばれる．

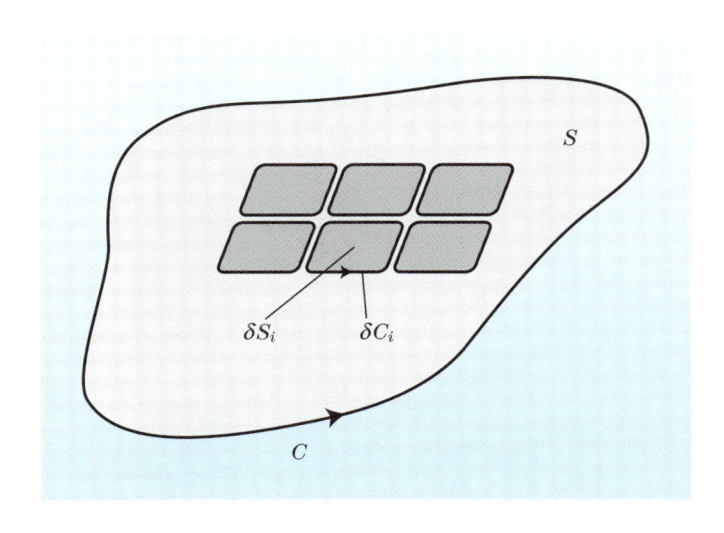

図 6.10 面 S を微小面積 δS_i に分割する．δS_i の縁が δC_i である．

6.7 章末問題

6.1 1次元的な温度場はどのようなときに必要になるか．2次元的温度場はどうであろうか．

6.2 次の関数の勾配を求めなさい．
(1) $f(x,y,z) = ax^2 + by^2 + cz^2$
(2) $f(r) = 1/r$．ただし，$r = \sqrt{x^2 + y^2 + z^2}$ である．
(3) $f(r) = r$

6.3 (6.5) が単位時間に微小面 da を通り抜ける水の体積であることを示しなさい．

6.4 毎秒体積 m だけの水が湧き出る水源が原点にあるとき，原点から $\boldsymbol{r}$ だけ離れた点での流体の速度ベクトルは，
$$\boldsymbol{u}(\boldsymbol{r}) = m\frac{\boldsymbol{r}}{4\pi r^3}$$
であることを確かめなさい．

6.5 1辺が L の立方体の全表面上で (6.7) が成り立つことを示しなさい．

6.6 半径 R の球面上で (6.7) が成り立つことを示しなさい．

6.7 任意の閉曲面 S に対して
$$\int_S d\boldsymbol{a} = 0$$
となることを証明しなさい．

6.8 角速度ベクトル $\boldsymbol{\omega}$ で剛体回転している速度場は $\boldsymbol{u} = \boldsymbol{\omega} \times \boldsymbol{r}$ と書けるが，このような速度場では発散はゼロであることを示しなさい．

6.9 速度場 (ax, by, cz) の発散を求めなさい．

6.10 C を反対向きに選べば，循環の符号が変わることを示しなさい．

6.11 速度場 $(a-by, c+bx, 0)$ に対して，x-y 面上での経路 $(1,1) \to (-1,1) \to (-1,-1) \to (1,-1) \to (1,1)$ に沿っての循環を計算しなさい．

6.12 任意の閉曲線 C において，

$$\oint_C d\bm{s} = 0$$

であることを示しなさい．

6.13 バケツの水が角速度 ω で剛体回転しているとしよう．回転軸から a だけ離れた円周上では循環 Γ はいくらか．

6.14 式 (6.12) の右辺が，$\nabla \times \bm{u}$ の z 成分であることを示しなさい．

6.15 剛体回転している速度場 $\bm{u} = \bm{\omega} \times \bm{r}$ での rot $\bm{u}$ を求めなさい．

6.16 (6.4) と書けるとき，rot $\bm{E} = 0$ であることを示しなさい．

● 章末問題略解 ●

第 1 章

1.1 (1) $h = s\sin\varphi$ (2) $W = mgh = mgs\sin\varphi$

1.2 (1) $\boldsymbol{F} = -mg\boldsymbol{k}$ (2) $\theta = \varphi + \pi/2$ (3) $W = \boldsymbol{F}\cdot\boldsymbol{s} = -mg\boldsymbol{k}\cdot\boldsymbol{s}$. ここで，内積の定義より $\boldsymbol{k}\cdot\boldsymbol{s} = |\boldsymbol{k}||\boldsymbol{s}|\cos\theta = s\cos(\varphi + \pi/2)$. ところが，$\cos(\varphi + \pi/2) = -\sin\varphi$ なので，$\boldsymbol{k}\cdot\boldsymbol{s} = -s\sin\varphi$ となる．結局，$W = mgs\sin\varphi$ となり，1.1 (2) と同じ．

1.3 $r_1 M = r_2 m$.

1.4 (1)
$$\begin{aligned}\boldsymbol{N}_1 &= \boldsymbol{r}_1 \times \boldsymbol{F}_1 \\ &= (-r_1\sin\theta\,\boldsymbol{j} + r_1\cos\theta\,\boldsymbol{k}) \times (-Mg\,\boldsymbol{k}) \\ &= r_1 Mg\sin\theta\,\boldsymbol{j}\times\boldsymbol{k} - r_1 Mg\cos\theta\,\boldsymbol{k}\times\boldsymbol{k} \\ &= r_1 Mg\sin\theta\,\boldsymbol{j}\times\boldsymbol{k} \\ &= r_1 Mg\sin\theta\,\boldsymbol{i}\end{aligned}$$

(2) 同様にして
$$\boldsymbol{N}_2 = \boldsymbol{r}_2 \times \boldsymbol{F}_2 = -r_2 mg\sin\theta\,\boldsymbol{i}$$

(3)
$$\begin{aligned}\boldsymbol{N}_1 + \boldsymbol{N}_2 &= 0 \\ r_1 Mg\sin\theta\,\boldsymbol{i} + (-r_2 mg\sin\theta\,\boldsymbol{i}) &= 0 \\ (r_1 M - r_2 m)\sin\theta\,g\,\boldsymbol{i} &= 0\end{aligned}$$

$\boldsymbol{i}\neq 0, g\neq 0, \sin\theta\neq 0$ なので，これは $r_1 M = r_2 m$ を意味する．

1.5 ベクトル $\boldsymbol{A}$ と $\boldsymbol{B}$ とのなす角を θ とすると，外積 $\boldsymbol{A}\times\boldsymbol{B}$ も外積 $\boldsymbol{B}\times\boldsymbol{A}$ も，その大きさはいずれも $AB\sin\theta$ である．しかし，$\boldsymbol{B}$ の方向から $\boldsymbol{A}$ の方向に右ねじを回したときに右ねじが進む向きは，$\boldsymbol{A}$ の方向から $\boldsymbol{B}$ の方向に右ねじを回したときに右ねじが進む向きと反対なので，外積の定義によりこの 2 つのベクトルの向きは逆である．よって $\boldsymbol{B}\times\boldsymbol{A} = -\boldsymbol{A}\times\boldsymbol{B}$ である．

1.6 $\boldsymbol{F} = q\mu \boldsymbol{v} \times \boldsymbol{H}$

1.7 略

1.8
$$\cos(A+B+C) = \cos A \cos B \cos C - \cos A \sin B \sin C \\ - \sin A \cos B \sin C - \sin A \sin B \cos C$$

1.9 (1) $\boldsymbol{A} \cdot \boldsymbol{B} = 4 + 6 + 10 = 20$ (2) $\boldsymbol{B} \cdot \boldsymbol{C} = -8 + 6 + 2 = 0$

1.10 略

1.11 略

1.12 (1) $\boldsymbol{C} = (-11, -5, 7)$ (2) $\boldsymbol{C} \cdot \boldsymbol{A} = -11 - 10 + 21 = 0$
(3) $\boldsymbol{C} \cdot \boldsymbol{B} = 22 - 15 - 7 = 0$ (4) $\boldsymbol{D} = (11, 5, -7)$ なので $\boldsymbol{D} = -\boldsymbol{C}$ である.

1.13 (1) (1.25)において, $\boldsymbol{A}$ と $\boldsymbol{B}$ を $\boldsymbol{e}$, $\boldsymbol{C}$ を $\boldsymbol{A}$ とすればよい.
(2) (ア 平行) (イ 垂直)

1.14 剛体球どうしの衝突なので, 衝突によってそれぞれの粒子の速度のうち, $\boldsymbol{w}_{12}$ に垂直な成分は変化せず, $\boldsymbol{w}_{12}$ に平行な成分のみが変化する. この平行な成分の変化の大きさは, 完全弾性衝突なので, 2粒子の相対速度 $\boldsymbol{v}_1 - \boldsymbol{v}_2$ の $\boldsymbol{w}_{12}$ 方向の成分に等しい. 粒子1の中心から粒子2の中心へ向かう単位ベクトルを $\boldsymbol{w}_{12}$ と定めたので, (1.28)のような符号になる.

1.15 $\sum_{i=1}^{3} \varepsilon_{ijk}\varepsilon_{imn} = \varepsilon_{1jk}\varepsilon_{1mn} + \varepsilon_{2jk}\varepsilon_{2mn} + \varepsilon_{3jk}\varepsilon_{3mn}$. この右辺を見ると明らかなように, $j=m, k=n$ あるいは $j=n, k=m$ 以外はゼロである. $j=m, k=n$ (ただし, $j=k=m=n$ の場合は除く) の場合は, 3項のうちどれか1つだけが1であり, 残りの2つはゼロである. $j=n, k=m$ の場合は3項のうちどれか1つだけが -1 であり, 残りの2つはゼロである. ゆえに $\sum_{i=1}^{3} \varepsilon_{ijk}\varepsilon_{imn} = \delta_{jm}\delta_{kn} - \delta_{jn}\delta_{km}$ が成り立つ. ($j=k=m=n$ の場合は, (1.27)の両辺ともゼロである.)

1.16
$$[\boldsymbol{A} \times (\boldsymbol{B} \times \boldsymbol{C})]_i = \sum_{j=1}^{3}\sum_{k=1}^{3} \varepsilon_{ijk} A_j (\boldsymbol{B} \times \boldsymbol{C})_k$$
$$= \sum_{j=1}^{3}\sum_{k=1}^{3}\sum_{m=1}^{3}\sum_{n=1}^{3} \varepsilon_{ijk}\varepsilon_{kmn} A_j B_m C_n$$
$$= \sum_{j=1}^{3}\sum_{k=1}^{3}\sum_{m=1}^{3}\sum_{n=1}^{3} \varepsilon_{kij}\varepsilon_{kmn} A_j B_m C_n$$
$$= \sum_{j=1}^{3}\sum_{m=1}^{3}\sum_{n=1}^{3} (\delta_{im}\delta_{jn} - \delta_{in}\delta_{jm}) A_j B_m C_n$$

章末問題略解   **137**

$$= (\boldsymbol{A}\cdot\boldsymbol{C})B_i - (\boldsymbol{A}\cdot\boldsymbol{B})C_i.$$

4 番目の等式で (1.27) を用いた．

1.17

$$\begin{aligned}
(\boldsymbol{A}\times\boldsymbol{B})\cdot(\boldsymbol{C}\times\boldsymbol{D}) &= \sum_{i=1}^{3}(\boldsymbol{A}\times\boldsymbol{B})_i(\boldsymbol{C}\times\boldsymbol{D})_i \\
&= \sum_{i=1}^{3}\sum_{j=1}^{3}\sum_{k=1}^{3}\sum_{m=1}^{3}\sum_{n=1}^{3}\varepsilon_{ijk}A_jB_k\varepsilon_{imn}C_mD_n \\
&= \sum_{j=1}^{3}\sum_{k=1}^{3}\sum_{m=1}^{3}\sum_{n=1}^{3}(\delta_{jm}\delta_{kn}-\delta_{jn}\delta_{km})A_jB_kC_mD_n \\
&= \sum_{j=1}^{3}\sum_{k=1}^{3}A_jC_jB_kD_k - \sum_{j=1}^{3}\sum_{k=1}^{3}A_jD_jB_kC_k \\
&= (\boldsymbol{A}\cdot\boldsymbol{C})(\boldsymbol{B}\cdot\boldsymbol{D}) - (\boldsymbol{A}\cdot\boldsymbol{D})(\boldsymbol{B}\cdot\boldsymbol{C}).
\end{aligned}$$

3 番目の等式で (1.27) を用いた．

第 2 章

2.1　$v(t) = 2at + b, a(t) = 2a$.

2.2　略

2.3　略

2.4　(1)　$(\sin x)' = \{(e^{ix})' - (e^{-ix})'\}/2i = (ie^{ix} + ie^{-ix})/2i = \cos x$.
同様にして $(\cos x)' = -\sin x$ も導ける．　(2)　略

2.5　(1)　$\omega = 1.21\times 10^{-3}$ s^{-1} なので，周期 $T = 2\pi/\omega = 5.17\times 10^3$ s
$= 1.44$ 時間．　(2)　地軸の北極方向を向いている．

2.6　(1)　$f^{(1)}(x) = c_1 + 2c_2(x-a) + 3c_3(x-a)^2 + \mathcal{O}((x-a)^3)$ なので，
$f^{(1)}(a) = c_1$. (2) $f^{(2)}(a) = 2c_2, f^{(3)}(a) = 6c_3$.
(3) $c_1 = f^{(1)}(a), c_2 = f^{(2)}(a)/2, c_3 = f^{(3)}(a)/6$.

2.7　(1)　$\sqrt{1+x+x^2} = 1 + \dfrac{1}{2}x + \dfrac{3}{8}x^2 - \dfrac{3}{16}x^3 + \mathcal{O}(x^4)$.

(2)　$\sqrt{1+x+x^2} = \sqrt{3} + \dfrac{\sqrt{3}}{2}(x-1) + \dfrac{\sqrt{3}}{24}(x-1)^2 + \mathcal{O}((x-1)^3)$.

2.8　(1)　$\tan x = x + \dfrac{1}{3}x^3 + \mathcal{O}(x^5)$.

(2)
$$\tan x = \sum_{n=0}^{\infty}c_nx^n = \sum_{m=0}^{\infty}c_{2m}x^{2m} + \sum_{m=0}^{\infty}c_{2m+1}x^{2m}$$

とテイラー展開できたとする．$x \to -x$ とすると，

$$\tan(-x) = \sum_{n=0}^{\infty} c_n x^n = \sum_{m=0}^{\infty} c_{2m} x^{2m} - \sum_{m=0}^{\infty} c_{2m+1} x^{2m}$$

である．$\tan(-x) = -\tan x$ なので，上の 2 つの式を辺々足すと，$0 = \sum_{m=0}^{\infty} c_{2m} x^{2m}$. これが任意の x について成り立つことから，全ての m に対して $c_{2m} = 0$ でなければならないことが結論される．

2.9　略

2.10　$S = b + bx + bx^2 + bx^3 + \cdots$ から $xS = bx + bx^2 + bx^3 + bx^4 + \cdots$ を辺々引くと，$(1-x)S = b$ を得る．

2.11　(1) $f'(x) = \dfrac{1}{1+x}$, $f''(x) = -\dfrac{1}{(1+x)^2}$, $f^{(3)}(x) = \dfrac{2}{(1+x)^3}$, $f^{(4)}(x) = -\dfrac{6}{(1+x)^4}$, $f^{(5)}(x) = \dfrac{24}{(1+x)^5}$.

(2) $f(0) = \log 1 = 0, f'(0) = 1, f''(0) = -1, f'''(0) = 2, f^{(4)}(0) = -6, f^{(5)}(0) = 24$.

(3) 上の結果から，$n \geq 1$ のときには $f^{(n)}(0) = (-1)^{n-1}(n-1)!$ と予想できるであろう．これが正しいことは，数学的帰納法で証明できる．

(4) $c_n = f^{(n)}(0)/n! = (-1)^{n-1}(n-1)!/n! = (-1)^{n-1}/n$.

2.12　(1) $\displaystyle\int_0^x \left(\sum_{k=0}^{\infty} (-1)^k y^k \right) dy = \sum_{k=0}^{\infty} (-1)^k \int_0^x y^k dy = \sum_{k=0}^{\infty} \dfrac{(-1)^k}{k+1} x^{k+1}$.

(2) 最後の和で $k = n-1$ とすると

$$\log(1+x) = \sum_{n=1}^{\infty} \frac{(-1)^{n-1}}{n} x^n$$

を得る．

2.13　$f(x) = e^x$ とおくと，$(e^x)' = e^x$ なので，全ての $n \geq 0$ に対して $f^{(n)}(x) = e^x$. よって $f^{(n)}(0) = 1$ なので，(2.8) で $a = 0$ とした等式に代入すると (2.11) が得られる．

2.14　(2.11) の右辺を各項ごとに微分すると，$(e^x)' = 0 + 1 + 2x/2! + 3x^2/3! + 4x^3/4! + \cdots = 1 + x + x^2/2! + x^3/3! + \cdots = e^x$.

2.15　略

2.16　略

2.17　(2.14) では，$h = 0.1$ で 0.705928859, $h = 0.2$ で 0.7024021551. (2.15) では，$h = 0.1$ で 0.707104427, $h = 0.2$ で 0.707069248.

2.18　(1) $\left(\dfrac{\partial P}{\partial T}\right)_V = nR/V$. (2) $\left(\dfrac{\partial P}{\partial V}\right)_T = -nRT/V^2$. (3) (1) の結果より $T\left(\dfrac{\partial P}{\partial T}\right)_V - P = T(nR/V) - P$ であるが，これは理想気体の状態方程式よりゼロである．よって，(2.24) より $\left(\dfrac{\partial U}{\partial V}\right)_T = 0$ である．

これより，理想気体の内部エネルギーは体積 V にはよらず，絶対温度 T だけの関数であることが証明されたことになる．

第 3 章

3.1 $\int_0^t (v_0 + \sin \omega s) ds = v_0 t - (\cos \omega t - 1)/\omega$.

3.2 (1) (3.12) の両辺を a で微分すると
$$-\int_{-\infty}^{\infty} x^2 e^{-ax^2} dx = -\frac{1}{2}\sqrt{\pi} a^{-3/2} \text{ なので } J[2] = \frac{1}{2}\sqrt{\frac{\pi}{a^3}}.$$

(2)
$$\int_{-\infty}^{\infty} x^2 e^{-ax^2} dx = \frac{1}{2}\sqrt{\frac{\pi}{a^3}}$$
の両辺を a で微分すると，$J[4] = \frac{3}{4}\sqrt{\frac{\pi}{a^5}}$ と求められる．

(3) $\dfrac{d}{da} J[2m] = \int_{-\infty}^{\infty} x^{2m} \times (-x^2) e^{-ax^2} dx$
$= -\int_{-\infty}^{\infty} x^{2(m+1)} e^{-ax^2} dx = -J[2(m+1)]$.

(4) (3.12) と (1), (2) の解答より，等式 (3.25) は $n = 0, 1, 2$ のときには成立している．いま，この等式が $n = m$ のときに成立しているものとする．すると，(3) で導いた漸化式より
$$J[2(m+1)] = -\frac{d}{da} J[2m] = -\frac{(2m-1)!!}{2^m}\sqrt{\pi}\frac{d}{da} a^{-(2m+1)/2}$$
$$= \frac{(2m+1)!!}{2^{m+1}}\sqrt{\pi} a^{-(2m+3)/2}.$$
よって，(3.25) が $n = m+1$ でも成り立つことが示せた．

3.3 (1) $\langle 1 \rangle = \int_{-\infty}^{\infty} \frac{1}{\sqrt{2\pi}\sigma} e^{-(x-m)^2/2\sigma^2} dx = \frac{1}{\sqrt{2\pi}\sigma} \int_{-\infty}^{\infty} e^{-y^2/2\sigma^2} dy$
($x - m = y$ とおいた)．(3.12) より，$\langle 1 \rangle = 1/(\sqrt{2\pi}\sigma) \times \sqrt{2\pi}\sigma = 1$.

(2) 同様に $x - m = y$ とおくと，
$$\langle X \rangle = \int_{-\infty}^{\infty} \frac{1}{\sqrt{2\pi}\sigma} x e^{-(x-m)^2/2\sigma^2} dx$$
$$= \frac{1}{\sqrt{2\pi}\sigma} \int_{-\infty}^{\infty} \{(x-m) + m\} e^{-(x-m)^2/2\sigma^2} dx$$
$$= \frac{1}{\sqrt{2\pi}\sigma} \int_{-\infty}^{\infty} y e^{-y^2/2\sigma^2} dy + \frac{m}{\sqrt{2\pi}\sigma} \int_{-\infty}^{\infty} e^{-y^2/2\sigma^2} dy.$$

$y e^{-y^2/2\sigma^2}$ は y の奇関数なので，最後の等式の右辺第 1 項はゼロであるから，$\langle X \rangle = m/(\sqrt{2\pi}\sigma) \times \sqrt{2\pi}\sigma = m$ である．

(3) 同様に式変形して，途中で章末問題 3.2 (1) の結果を用いると $\langle X^2 \rangle = \sigma^2 + m^2$.

(4) $\hat{\sigma}^2 = \sigma^2 + m^2 - m^2 = \sigma^2$. よって $\hat{\sigma} = \sigma$.

(5) $\langle (X - \langle X \rangle)^2 \rangle = \langle X^2 - 2X\langle X \rangle + \langle X \rangle^2 \rangle = \langle X^2 \rangle - 2\langle X \rangle^2 + \langle X \rangle^2$
$= \langle X^2 \rangle - \langle X \rangle^2$.

3.4
$$e^{-a(x^2+y^2+z^2)} = e^{-ax^2} e^{-ay^2} e^{-az^2}$$

なので，
$$I_1 = \int_{-\infty}^{\infty} e^{-ax^2} dx \times \int_{-\infty}^{\infty} e^{-ay^2} dy \times \int_{-\infty}^{\infty} e^{-az^2} dz$$
$$= \left(\int_{-\infty}^{\infty} e^{-ax^2} dx \right)^3 = (\pi/a)^{3/2}.$$

3.5 3次元デカルト座標 (x, y, z) から 3次元極座標 (r, θ, φ) に変数変換すると
$$I_2 = \int_0^{\infty} r^2 e^{-ar} dr \int_0^{\pi} \sin\theta\, d\theta \int_0^{2\pi} d\varphi$$
$$= 4\pi \int_0^{\infty} r^2 e^{-ar} dr$$

となる．ここで，部分積分を 2 回することにより，$\int_0^{\infty} r^2 e^{-ar}\, dr = 2/a^3$ と求められるので，$I_2 = (8\pi)/a^3$ である．

3.6 $E = \rho\omega^2 L \int_{-a}^{a} dx \int_{-\sqrt{a^2-x^2}}^{\sqrt{a^2-x^2}} y^2 dy = \frac{4}{3} \rho\omega^2 L \int_0^{a} (a^2 - x^2)^{3/2} dx.$

$x = at$ とおくと，$E = \frac{4}{3} \rho\omega^2 a^4 L \int_0^{1} (1 - t^2)^{3/2} dt.$

さらに $t = \sin\theta$ とおくと，$dt = \cos\theta\, d\theta, (1 - t^2)^{3/2} = \cos^3\theta$ なので，
$E = \frac{4}{3} \rho\omega^2 a^4 L \int_0^{\pi/2} \cos^4\theta\, d\theta$ となる．$\cos^4\theta$ の積分は，
$$\int_0^{\pi/2} \cos^4\theta\, d\theta = \int_0^{\pi/2} (\cos^4\theta + \sin^4\theta)/2\, d\theta$$
$$= \int_0^{\pi/2} (1 - \sin^2 2\theta/2)/2\, d\theta = 3\pi/16$$

となり，これを上の E の式に代入すると，(3.16) と一致する．明らかに，本文中のように極座標で計算するほうが簡単である．

3.7 2次元の極座標で考えるのがよい．r と $r+dr$ の間の微小面積は $2\pi r\, dr$ であるので，その面上での砂の数は，$2\pi c r e^{-kr^2} dr$ である．r に関して 0 から ∞ まで積分すると，全砂数が得られて，$\pi c/k$ となる．

3.8 まず頂点から x だけ離れた点で底面積に平行に断面を入れよう．その断面の面積を $S(x)$ とすれば，比例関係より，$x^2 : S(x) = h^2 : S$ であ

る．したがって $S(x) = x^2 S/h^2$ である．頂点から x だけ離れた点での断面と，$x + dx$ だけ離れた点での断面に囲まれた厚さ dx のスライスの体積 dV は，$dV = S(x)dx = x^2(S/h^2)dx$ である．全体積 V は x を 0 から h まで積分すればよいので，$V = hS/3$ となる．4角錐，円錐の体積を求める公式としてよく知られたものであるが，任意の形をした断面積をもつ図形に適用できる．

3.9 (1) $Ma^2/6$ (2) $2Ma^2/3$.

3.10 略

3.11 (1) $2/\pi = 0.63662$ (2) 最も簡単な方法と，台形公式は同じ結果 0.6313 を与える．シンプソン公式によると 0.63665 となり，$h = 0.1$ で 4 桁目まで正しい．$h = 1/8$ と選べば，0.6367 となり，3 桁目まで正しい．

第 4 章

4.1 略

4.2 (1) $m = m_0 + \mu t$.

(2) $\dfrac{d}{dt}((m_0 + \mu t)v) = (m_0 + \mu t)g$. 両辺を時刻 0 から t まで積分すると，初速度 0 なので $(m_0 + \mu t)v = (m_0 t + \mu t^2/2)g$. よって

$$v = g\frac{m_0 t + \frac{1}{2}\mu t^2}{m_0 + \mu t}$$

と求められる．

(3) $t \gg 1$ のときには，$m_0 t + \mu t^2/2 \simeq \mu t^2/2$, $m_0 + \mu t \simeq \mu t$ となるので，$v \simeq gt/2$ となる．

4.3 (1) $p(t + \Delta t) = (m - \mu \Delta t)(v + \Delta v) + \mu \Delta t(v - u_0)$.

(2) (1) の結果と $p(t) = mv$ を代入すると，

$$(m - \mu \Delta t)(v + \Delta v) + \mu \Delta t(v - u_0) - mv = -mg\Delta t.$$

整理すると $m\Delta v - \mu u_0 \Delta t - \mu \Delta t \Delta v = -mg\Delta t$. 両辺を Δt で割ると $m\frac{\Delta v}{\Delta t} - \mu u_0 - \mu \Delta v = -mg$. そして，$\Delta t \to 0$ の極限をとると，このとき $\Delta v \to 0$ になるので左辺第 3 項は消えて，

$$m\frac{dv}{dt} - \mu u_0 = -mg$$

という微分方程式を得る．

(3) 両辺を m で割ってから，$m = m_0 - \mu t$ を代入すると（ロケットの質量 m は，初め m_0 であり，その後一定の割合 μ で減少するので，時刻 t での質量は $m = m_0 - \mu t$ である．ただし，$0 \leq t < m_0/\mu$ とする．），

$$\frac{dv}{dt} = \frac{\mu u_0}{m_0 - \mu t} - g$$ となる．変数分離すると $dv = \frac{\mu u_0}{m_0 - \mu t} dt - g\, dt$ なので，両辺を積分すると $[u]_0^v = -u_0[\log(m_0 - \mu s)]_0^t - g[s]_0^t$ を得る．したがって，$0 \leq t < m_0/\mu$ のときの解は

$$v = -gt + u_0 \log \frac{m_0}{m_0 - \mu t}$$

である．

4.4 $x \propto e^{\lambda t}$ を方程式に代入すれば，$\lambda = \pm \sqrt{k/m}$ であるので，$x = ae^{\sqrt{k/m}\,t} + be^{-\sqrt{k/m}\,t}$ が解である．a, b は初期条件から決まる．

4.5 (1) (4.46) より $v = $ 一定である．初期条件より $t = 0$ では $v = 0$ なので，以後ずっと $v = 0$ である．よって y 方向には移動しないので，粒子は常に xz 平面上にあることになる．

(2) $m\dfrac{d^2 u}{dt^2} = -qB\dfrac{dw}{dt} = -\dfrac{(qB)^2}{m}u$. よって，$\omega = qB/m$ とすると $\dfrac{d^2 u}{dt^2} = -\omega^2 u$ を得る．

(3) 一般解は，A, B を積分定数とすると $u = A\cos\omega t + B\sin\omega t$. $t = 0$ で $u = V_0$ なので，$V_0 = A$. また，$\dfrac{du}{dt} = -A\omega\sin\omega t + B\omega\cos\omega t$ なので，$\left.\dfrac{du}{dt}\right|_{t=0} = B\omega$ である．$t = 0$ では $u = V_0 = $ 一定で粒子が突入するので $\left.\dfrac{du}{dt}\right|_{t=0} = 0$ である．よって，$B = 0$ と定まる．結局，初期条件を満たす解は $u = V_0 \cos\omega t$.

(4) (4.45) より $w = -\dfrac{m}{qB}\dfrac{du}{dt} = -\dfrac{m}{qB}(-V_0 \omega \sin\omega t) = V_0 \sin\omega t$.

(5) 積分すると C_1, C_2 を積分定数とすると
$$x = \frac{V_0}{\omega}\sin\omega t + C_1, \quad z = -\frac{V_0}{\omega}\cos\omega t + C_2.$$
$t = 0$ で $x = z = 0$ なので $0 = C_1, 0 = -V_0/\omega + C_2$. したがって
$$x = \frac{V_0}{\omega}\sin\omega t, \quad z = \frac{V_0}{\omega}(1 - \cos\omega t).$$

(6) $x = (V_0/\omega)\sin\omega t, z - V_0/\omega = -(V_0/\omega)\cos\omega t$ なので，
$$x^2 + \left(z - \frac{V_0}{\omega}\right)^2 = \left(\frac{V_0}{\omega}\right)^2 (\sin^2\omega t + \cos^2\omega t) = \left(\frac{V_0}{\omega}\right)^2.$$

(7) 一様な磁場の中の荷電粒子の軌道は，xz 平面内で $(x, z) = (0, V_0/\omega)$ を中心とする半径 $V_0/|\omega|$ の円を描く．

4.6 (1) $u + iw = Ce^{i\omega t}$. ただし，$\omega = qB/m$ である．$t = 0$ で $u + iw = V_0$ なので，$C = V_0$ と定まる．答えは $u + iw = V_0 e^{i\omega t}$.

(2) 積分すると，積分定数を C' として $x + iz = -i\dfrac{V_0}{\omega}e^{i\omega t} + C'$. 初期条件より $0 = -i\dfrac{V_0}{\omega} + C'$ なので，

$$x + iz = -i\frac{V_0}{\omega}(e^{i\omega t} - 1)$$

と定まる．

(3) オイラーの公式より

$$x + iz = \frac{V_0}{\omega}\sin\omega t + i\frac{V_0}{\omega}(1 - \cos\omega t)$$

である．両辺の実部と虚部を見比べればよい．

4.7 $\tau = RC = 10^{-6}$sec である．

4.8 $I(t) = \dfrac{dQ(t)}{dt}$ なので，例題 4.3 で求めた $Q(t)$ を微分すれば電流 $I(t)$ が求められる．この $I(t)$ は $t = T$ では不連続であることに注意してグラフを描きなさい．

4.9

$$\begin{aligned}I' &= \lambda(a+bt)e^{\lambda t} + be^{\lambda t} + (\lambda/L)\int_0^t \frac{dE}{ds}e^{\lambda(t-s)}(t-s)ds \\ &\quad + (1/L)\int_0^t \frac{dE}{ds}e^{\lambda(t-s)}ds, \\ I'' &= \lambda^2(a+bt)e^{\lambda t} + 2\lambda be^{\lambda t} + (\lambda^2/L)\int_0^t \frac{dE}{ds}e^{\lambda(t-s)}(t-s)ds \\ &\quad + (2\lambda/L)\int_0^t \frac{dE}{ds}e^{\lambda(t-s)}ds + (1/L)\frac{dE}{dt}\end{aligned}$$

を (4.19) に代入する．$\lambda = -R/(2L)$, $L\lambda^2 + R\lambda + 1/C = 0$ を用いると，解であることが示せる．

4.10 例題 4.4 の解 $h = (\sqrt{h_0} - (S/2A)\sqrt{2g}t)^2$ で $h = 0$ とおくと，$t = (A/S)\sqrt{2h_0/g}$. 数値を代入すると $t = 7.5$ 分.

4.11 ベルヌーイの定理によれば，$u = \sqrt{2gh}/\sqrt{1 - (S/A)^2}$ である．

4.12 運動方程式の両辺に $\dfrac{dx}{dt}$ をかける．右辺は $-kx\dfrac{dx}{dt} = -\dfrac{d}{dt}(kx^2/2)$ となるから，$\dfrac{d}{dt}\left[\dfrac{m}{2}\left(\dfrac{dx}{dt}\right)^2 + \dfrac{kx^2}{2}\right] = 0$. これより，エネルギー保存則

$$\frac{1}{2}m\left(\frac{dx}{dt}\right)^2 + \frac{1}{2}kx^2 = 一定$$

が得られる．

第 5 章

5.1 略

5.2 (1)
$$J = \begin{bmatrix} \cos\theta & -r\sin\theta \\ \sin\theta & r\cos\theta \end{bmatrix}.$$

(2) $|J| = r\cos^2\theta + r\sin^2\theta = r$.

5.3 (1)
$$J = \begin{bmatrix} \sin\theta\cos\varphi & r\cos\theta\cos\varphi & -r\sin\theta\sin\varphi \\ \sin\theta\sin\varphi & r\cos\theta\sin\varphi & r\sin\theta\cos\varphi \\ \cos\theta & -r\sin\theta & 0 \end{bmatrix}.$$

(2) (5.8) の公式を用いると

$$\begin{aligned}
|J| &= \sin\theta\cos\varphi \times \begin{vmatrix} r\cos\theta\sin\varphi & r\sin\theta\cos\varphi \\ -r\sin\theta & 0 \end{vmatrix} \\
&\quad - r\cos\theta\cos\varphi \times \begin{vmatrix} \sin\theta\sin\varphi & r\sin\theta\cos\varphi \\ \cos\theta & 0 \end{vmatrix} \\
&\quad + (-r\sin\theta\cos\varphi) \times \begin{vmatrix} \sin\theta\sin\varphi & r\cos\theta\sin\varphi \\ \cos\theta & -r\sin\theta \end{vmatrix} \\
&= \sin\theta\cos\varphi \times r^2\sin^2\theta\cos\varphi - r\cos\theta\cos\varphi \times (-r\sin\theta\cos\theta\cos\varphi) \\
&\quad - r\sin\theta\sin\varphi \times (-r\sin^2\theta\sin\varphi - r\cos^2\theta\sin\varphi) \\
&= r^2\sin^3\theta\cos^2\varphi + r^2\sin\theta\cos^2\theta\cos^2\varphi \\
&\quad + r^2\sin\theta\sin^2\varphi(\sin^2\theta + \cos^2\theta) \\
&= r^2\sin\theta(\sin^2\theta + \cos^2\theta)\cos^2\varphi + r^2\sin\theta\sin^2\varphi \\
&= r^2\sin\theta\cos^2\varphi + r^2\sin\theta\sin^2\varphi \\
&= r^2\sin\theta(\cos^2\varphi + \sin^2\varphi) = r^2\sin\theta.
\end{aligned}$$

5.4
$$\begin{aligned}
|\boldsymbol{A} \ \boldsymbol{B} \ \boldsymbol{C}| &= \begin{vmatrix} 1 & 1 & 2 \\ 1 & -2 & 1 \\ 1 & 3 & a \end{vmatrix} \\
&= \begin{vmatrix} -2 & 1 \\ 3 & a \end{vmatrix} - \begin{vmatrix} 1 & 1 \\ 1 & a \end{vmatrix} + 2\begin{vmatrix} 1 & -2 \\ 1 & 3 \end{vmatrix} = -3a + 8.
\end{aligned}$$

よって，$\boldsymbol{A}, \boldsymbol{B}, \boldsymbol{C}$ が 1 次従属であるためには，$a = 8/3$ でなければならない．

5.5 λ_i は $\lambda^2 - \lambda - 1 = 0$ の解であることを，例題 5.3 の解答で示した．したがって，$\lambda_i^2 = 1 + \lambda_i$ である．また $1 + \lambda_1^2 = \sqrt{5}\,\lambda_1$, $1 + \lambda_2^2 = -\sqrt{5}\,\lambda_2$

である．これらの関係を用いると

$$a_n = \frac{(1+\lambda_1)\lambda_1^n}{1+\lambda_1^2} + \frac{(1+\lambda_2)\lambda_2^n}{1+\lambda_2^2} = \frac{1}{\sqrt{5}}(\lambda_1^{n+1} - \lambda_2^{n+1})$$

が導ける．

5.6 著者の行った数値計算例を示しておく．(5.18) を計算しその整数部を求め，それと (5.12) から直接的に求めたフィボナッチ数と比較した．単精度では，$a_{29} = 832040$ まで正しく求められた．それ以上は誤差が悪さをして正しい答えが得られない．倍精度になると，$a_{45} = 1836311903$ まで正しかった．それ以上は倍精度の範囲内では桁が大きすぎて，正しい結果が得られない．

5.7 $a_{n+1} = a_n + a_{n-1}$ を $a_{n+1} - \alpha a_n = \beta(a_n - \alpha a_{n-1})$ と書きかえるためには，$\alpha + \beta = 1, \alpha\beta = -1$ でなければならない．すると $\alpha = (1+\sqrt{5})/2, \beta = (1-\sqrt{5})/2$ である．この α と β が本文中の λ_1 と λ_2 である．すると $a_{n+1} - \alpha a_n = \beta^n(a_1 - \alpha a_0) = \beta^n(1-\alpha)$ である．ここで $1-\alpha = \beta$ であるので，$a_{n+1} - \alpha a_n = \beta^{n+1}$ となる．α と β を入れ換えたものも成り立つので，$a_{n+1} - \beta a_n = \alpha^{n+1}$ となる．両者の差をとれば，$(\alpha - \beta)a_n = \alpha^{n+1} - \beta^{n+1}$ となり，(5.12) と一致する．この方法と，行列を対角化する方法は実際は同じことを行っているが，行列の方法は，より広い概念に発展していくという意味で大切なのである．

5.8 略

5.9 (1)

$$P^{-1} = \frac{\sqrt{2}}{(-1-1)} \begin{bmatrix} -1 & -1 \\ -1 & 1 \end{bmatrix}$$
$$= \frac{1}{\sqrt{2}} \begin{bmatrix} 1 & 1 \\ 1 & -1 \end{bmatrix}.$$

(2)

$$P^{-1}AP = PAP^{-1} = \begin{bmatrix} -1 & 0 \\ 0 & -3 \end{bmatrix}.$$

(3)

$$\frac{d^2}{dt^2}y_1 = -\frac{k}{m}y_1, \quad \frac{d^2}{dt^2}y_2 = -3\frac{k}{m}y_2.$$

(4) $\omega_1 = \sqrt{\dfrac{k}{m}}, \quad \omega_2 = \sqrt{\dfrac{3k}{m}}$ とおくと，一般解は

$$y_1 = c_{11}\cos\omega_1 t + c_{12}\sin\omega_1 t, \; y_2 = c_{21}\cos\omega_2 t + c_{22}\sin\omega_2 t.$$

ただし，$c_{11}, c_{12}, c_{21}, c_{22}$ は積分定数．

(5) $\boldsymbol{x} = P^{-1}\boldsymbol{y}$ なので

$$\boldsymbol{x} = \begin{bmatrix} x_1 \\ x_2 \end{bmatrix} = P^{-1}\boldsymbol{y}$$
$$= \frac{1}{\sqrt{2}} \begin{bmatrix} 1 & 1 \\ 1 & -1 \end{bmatrix} \begin{bmatrix} c_{11}\cos\omega_1 t + c_{12}\sin\omega_1 t \\ c_{21}\cos\omega_2 t + c_{22}\sin\omega_2 t \end{bmatrix}$$

であるから

$$x_1 = \frac{1}{\sqrt{2}}(c_{11}\cos\omega_1 t + c_{12}\sin\omega_1 t + c_{21}\cos\omega_2 t + c_{22}\sin\omega_2 t)$$
$$= C_{11}\cos\omega_1 t + C_{12}\sin\omega_1 t + C_{21}\cos\omega_2 t + C_{22}\sin\omega_2 t$$
$$x_2 = \frac{1}{\sqrt{2}}(c_{11}\cos\omega_1 t + c_{12}\sin\omega_1 t - c_{21}\cos\omega_2 t - c_{22}\sin\omega_2 t)$$
$$= C_{11}\cos\omega_1 t + C_{12}\sin\omega_1 t - C_{21}\cos\omega_2 t - C_{22}\sin\omega_2 t.$$

ただし，$C_{ij} = c_{ij}/\sqrt{2}$ $(i,j=1,2)$ とした．

5.10 (1) $\boldsymbol{x}_1 = \frac{1}{\sqrt{5}}\begin{bmatrix} 1 \\ 2 \end{bmatrix}$, $\boldsymbol{x}_2 = \frac{1}{\sqrt{5}}\begin{bmatrix} 2 \\ -1 \end{bmatrix}$, $\lambda_1 = 5, \lambda_2 = 0$.

(2) $c_1 = 4/\sqrt{5}, c_2 = 3/\sqrt{5}$.

第 6 章

6.1 1 次元の例：銅線の端を半田付けするとき．銅線の温度は外に向かって減少する．2 次元の例：ホットプレートの上の温度分布．真ん中の方しか加熱しない場合は，ホットプレート全体で温度は一様にならない．

6.2 (1) $\nabla f = (2ax, 2by, 2cz)$ (2) $\nabla f = (-x/r^3, -y/r^3, -z/r^3)$
(3) $\nabla f = (x/r, y/r, z/r)$.

6.3 面積 da の微小面の内側に，底面積が da で高さが $udt\cos\theta$ であり，軸が水源の向きを向いている斜円柱（微小面の法線に対して角度 θ だけ傾いている）を考える．この斜円柱の中の水が全て，dt の間に微小面を通り過ぎる．

6.4 原点を中心に半径 r の球を描く．原点を水源とすると，水はその球の球面に垂直な方向に流れるから，面上の点 $\boldsymbol{r}$ での流体速度の方向は位置ベクトル $\boldsymbol{r}$ の方向を向いている．速度の大きさを $u(r)$ とすれば，面を単位時間に貫通する流量 $4\pi r^2 u(r)$ は r によらず m である．

6.5 1 つの頂点を共有する 3 つの面に，それぞれ x 軸，y 軸，z 軸が垂直に貫通するように，3 次元デカルト座標をとる．立方体の 6 つの面のうち，x 軸に垂直な向いあった 2 つの正方形の面を考えると，おのおのの面の上での $d\boldsymbol{a}$ の積分は，$L^2\hat{x}$ と $-L^2\hat{x}$ であるから，この 2 つは互いに打ち消しあう．他の 4 面についても同様に打ち消しあう．

6.6 球面上の点 (R, θ, φ) では，面要素ベクトルの大きさは

$da = R^2 \sin\theta\, d\theta\, d\varphi$ であり，その向きはデカルト座標で $(\sin\theta\cos\varphi, \sin\theta\sin\varphi, \cos\theta)$ である．このベクトルを球面全体で積分すれば，ゼロとなる．

6.7 各成分が定数であるベクトル $\boldsymbol{c}$ を定め，$\int_S d\boldsymbol{a}$ との内積をとる．すると $\boldsymbol{c}\cdot\int_S d\boldsymbol{a} = \int_S \boldsymbol{c}\cdot d\boldsymbol{a} = \int_V \operatorname{div}\boldsymbol{c}\, dV$ となる．ここで最後の等式を導くのに，ガウスの定理 (6.9) を用いた．$\boldsymbol{c}$ は一定のベクトルなので，$\operatorname{div}\boldsymbol{c} = 0$ である．したがって $\int_S d\boldsymbol{a} = 0$ となる．

6.8 $\dfrac{\partial}{\partial x_1}(\boldsymbol{\omega}\times\boldsymbol{r})_1 + \dfrac{\partial}{\partial x_2}(\boldsymbol{\omega}\times\boldsymbol{r})_2 + \dfrac{\partial}{\partial x_3}(\boldsymbol{\omega}\times\boldsymbol{r})_3$ を計算してゼロであることを示せば良い．別解として次の解法を示す．以前導入した 3 階の反対称テンソルを用いると，

$$\nabla\cdot(\boldsymbol{\omega}\times\boldsymbol{r}) = \sum_{i=1}^3\sum_{j=1}^3\sum_{k=1}^3 \frac{\partial}{\partial x_i}\varepsilon_{ijk}\omega_j x_k$$
$$= \sum_{i=1}^3\sum_{j=1}^3\sum_{k=1}^3 \varepsilon_{ijk}\omega_j \delta_{ik} = \sum_{i=1}^3\sum_{j=1}^3 \varepsilon_{iji}\omega_j$$

となり，これがゼロであることはすぐにわかる．なぜなら，反対称テンソルの定義から $\varepsilon_{iji} = 0$ だからである．

6.9 略

6.10 C の向きを反対に選べば，$d\boldsymbol{s} \to -d\boldsymbol{s}$ となるので，循環の符号が変わる．

6.11 まず $(1,1) \to (-1,1)$ での線積分を考える．その経路では $y = 1 =$ 一定であるので，$d\boldsymbol{s} = -dx\hat{x}$ である．そこでは $u_x = a - b$ であるから，$\int_{(1,1)}^{(-1,1)} \boldsymbol{u}\cdot d\boldsymbol{s} = -2(a-b)$ である．同様にして，$\int_{(-1,1)}^{(-1,-1)} \boldsymbol{u}\cdot d\boldsymbol{s} = -2(c-b)$, $\int_{(-1,-1)}^{(1,-1)} \boldsymbol{u}\cdot d\boldsymbol{s} = 2(a+b)$, $\int_{(1,-1)}^{(1,1)} \boldsymbol{u}\cdot d\boldsymbol{s} = -2(c+b)$ となり，全体で $\oint \boldsymbol{u}\cdot d\boldsymbol{s} = 8b$ となる．

6.12 任意の定ベクトル $\boldsymbol{c}$ (3 成分はどれも定数) をとり，それとの内積 $\boldsymbol{c}\cdot\oint_C d\boldsymbol{s} = \oint_C \boldsymbol{c}\cdot d\boldsymbol{s}$ を考える．$\boldsymbol{c} = \nabla(\boldsymbol{c}\cdot\boldsymbol{x})$ であるから，$-\boldsymbol{c}\cdot\boldsymbol{x}$ をポテンシャル・エネルギー $U(\boldsymbol{x})$ であると見なすと，$\boldsymbol{c}$ は $\boldsymbol{c} = -\nabla U(\boldsymbol{x})$ で与えられる力と見なせる．このようにポテンシャルで書ける力を閉曲線に沿って一周積分をすれば，ゼロである．

6.13 回転軸から a だけ離れた点での速度は，大きさが ωa で，方向は θ の方向である．したがって，循環の大きさは $2\pi a\omega a = 2\pi\omega a^2$ である．

6.14 略

6.15

$$[\operatorname{rot} \boldsymbol{u}]_i = \sum_{j=1}^{3}\sum_{k=1}^{3}\sum_{m=1}^{3}\sum_{n=1}^{3} \varepsilon_{ijk}\frac{\partial}{\partial x_j}\varepsilon_{kmn}\omega_m x_n$$

$$= \sum_{j=1}^{3}\sum_{k=1}^{3}\sum_{m=1}^{3}\sum_{n=1}^{3} \varepsilon_{kij}\varepsilon_{kmn}\omega_m \frac{\partial}{\partial x_j} x_n$$

$$= \sum_{j=1}^{3}\sum_{m=1}^{3}\sum_{n=1}^{3} (\delta_{im}\delta_{jn} - \delta_{in}\delta_{jm})\omega_m \frac{\partial}{\partial x_j} x_n$$

$$= \sum_{j=1}^{3}\left(\omega_i \frac{\partial}{\partial x_j}x_j - \omega_j \frac{\partial}{\partial x_j}x_i\right) = 2\omega_i$$

である．ただし 3 番目の等式で (1.27) を用いた．

6.16

$$[\operatorname{rot} \boldsymbol{E}]_i = \sum_{j=1}^{3}\sum_{k=1}^{3} \varepsilon_{ijk}\frac{\partial}{\partial x_j}E_k$$

$$= -\sum_{j=1}^{3}\sum_{k=1}^{3} \varepsilon_{ijk}\frac{\partial^2 \varphi}{\partial x_j \partial x_k} = 0.$$

● 索　引 ●

あ　行

アインシュタインの省略法　19
アークタンジェント　10
圧力場　120

1 次従属　108
1 次独立　108
一様な流速場　126
一般解　77
インダクター　83
インピーダンス　85

雨滴　93
運動量　4

エネルギー保存則　90, 91
遠心力　32
円柱座標　13
円筒座標　13

オイラー　11
オイラーの公式　11, 39, 77
黄金分割　109
オーダー　36
温度場　120

か　行

階乗　36
外積　4, 16
回転　131
回転運動エネルギー　57
回転速度　57
ガウス　56
ガウス積分　56
ガウスの定理　129
ガウス分布　56, 68
カオス　87
角運動量　7

角速度　32
加速度　27
加速度ベクトル　30
合併のプロセス　109
荷電粒子　94
過渡時間　84
カール　131
慣性抵抗　75
慣性モーメント　57
完全系　15
完全弾性衝突　24

期待値　68
気体定数　46
奇置換　104
軌道の安定性　32
逆行列　102, 117
キャパシター　78, 83
キャパシタンス　78
行ベクトル　99
行列　98
行列式　18, 102
行列の積　100
極座標　10, 13
極性ベクトル　7
虚数単位　11
虚部　85

偶置換　104
グラッド　123
クロネッカーのデルタ　20

経路　123
結合振動子系　114
結合振動子　113

コイル　83
後進差分　28
合成関数　29

剛体回転　57
勾配　123
勾配ベクトル　123
項別積分　46
合力　3
交流 LCR 回路　84
コサイン（余弦）関数　38
コセカント　29
コタンジェント　29
固有値　109, 111
固有ベクトル　109, 111
コンデンサー　78, 83

さ　行

サイン（正弦）関数　38
差分　28, 41
差分方程式　87
3 階の反対称テンソル　103
三角関数の加法定理　12
3 重積分　55

軸性ベクトル　7
指数関数　38
磁束密度ベクトル　94
実部　85
時定数　80
射影　13
重心　60
終端速度　74
十分条件　127
自由落下　73
重力定数　63
重力のエネルギー　61
重力ポテンシャル　120
ジュール熱　92
巡回的置換　19, 23
循環　130
状態方程式　46

初期条件　77
人工衛星　31
シンプソンの公式　67

数学的帰納法　37
数値積分　64
数値微分　40
スカラー　2
スカラー積　4
スカラー場　120
ストークスの定理　132

正規分布　56, 68
正弦 (サイン) 関数　38
静電場　124
静電ポテンシャル　124
生物の個体数　87
正方行列　99
正方直交座標　9
セカント　29
積分領域　58
ゼロ行列　98
遷移状態　80
漸化式　51
線形結合　108
線形微分方程式　79
線形連立微分方程式　113
前進差分　28
線積分　124
全微分　43
線要素ベクトル　124

双曲線関数　29
相対運動　114
添え字　16
速度　26
速度場　120
速度ベクトル　30

た 行

対角行列　110
対角的　110
台形公式　66
太陽　63
たすきがけ　17
縦ベクトル　99
単位行列　98

単位ベクトル　14
タンジェント　29
単精度　117
力がポテンシャルで書ける条件　91
力のつりあい　31
力のモーメント　5
置換　104
中心差分　28
中性子星　63
直列 LCR 回路　84
直列 RC 回路　78
直交　5

つりあいの条件式　22

抵抗　78
定常状態　80
定数変化法　80, 83
定積分　52
テイラー展開　35
デカルト　9
デカルト座標　9, 13
電荷密度　129
電気ポテンシャル　120
電場ベクトル　120, 129
電流ベクトル　129
電流密度　129

導関数　27, 34
等高線　121
同次方程式　79
等比級数　38, 112
特殊解　80
特解　80
トルク　5

な 行

内積　4, 16
内部エネルギー　46
ナヴィエ・ストークス方程式　120
ナブラ　123

2 階線形微分方程式　82
2 階の反対称テンソル　103

2 次元球座標　10
2 重積分　53
ニュートンの運動方程式　31, 93

ネイピア数　11
ネズミ算　87
粘性抵抗　73

は 行

倍精度　117
ハイパーボリック・コサイン　29
ハイパーボリック・サイン　29
ハイパーボリック・タンジェント　29
白色矮星　63
発散　127
バネ定数　61
バネのエネルギー　61
反対称テンソル　19
万有引力　32

非可換　101
微小循環　130
微小線分要素　124
微小面　125
微小要素からの寄与　52
微小領域　54, 55, 115
非線形項　89
非線形微分方程式　87
必要十分条件　127
必要条件　127
非同次方程式　79
微分方程式　72
標準偏差　56

フィボナッチ　109
フィボナッチ数列　109
複素数表示　11
不定積分　50
部分積分　50
部分分数　75
ブラックホール　63
フレミング左手の法則　8

閉曲線　130

閉曲面 125	摩擦力 90	列ベクトル 99
平均 56		連続の式 129
平均値 68	右ねじ 6, 130	連立方程式 98
平衡高度 33	右ねじの法則 8	
平行四辺形 106	密度場 120	ロケット 93
平行六面体 7, 107	未定係数 77	ローテーション 131
ベクトル 2		ローレンツ力 8, 23
ベクトル積 4	面積分 126	
ベクトルの外積 106	面要素ベクトル 125	**欧 字**
ベクトル場 120	**や 行**	
ベルヌーイの定理 89		cos 39
変位ベクトル 4, 122	ヤコビアン 115	curl 131
変数分離 74, 75, 88		det 102
偏導関数 122	余弦（コサイン）関数 38	div 127
偏微分 42, 122	横ベクトル 99	exp 29
	ら 行	grad 123
ポアッソンの関係式 129		LCR 回路 82
法線ベクトル 125	ランダム 68	RC 回路 78
星の重力ポテンシャル 62		rot 131
保存則 90	リアクタンス 82	sin 39
ポテンシャル・エネルギー 32, 61	理想気体 46	δ（クロネッカーのデルタ） 20
	流線 89	∇ 123
ま 行	流体 89	∂ 42, 122
マクローリン展開 36	流体力学 89	

著者略歴

香取　眞理
（かとり　まこと）

1984年　東京大学理学部物理学科卒業
1988年　東京大学大学院理学系研究科博士課程修了
現　在　中央大学教授　理学博士

主要著書
問題例で深める物理（サイエンス社，共著）
詳解と演習 大学院入試問題〈物理学〉（数理工学社，監修）
例題から展開する力学（サイエンス社，共著）
例題から展開する電磁気学（サイエンス社，共著）

中野　徹
（なかの　とおる）

1965年　東京大学工学部原子力学科卒業
1971年　イリノイ大学物理博士課程修了
現　在　中央大学名誉教授　Ph.D.

主要著訳書
統計流体力学 3, 4（総合図書，共訳）
問題例で深める物理（サイエンス社，共著）
力学 II（丸善）

新・数理科学ライブラリ [物理学] = 7

物理数学の基礎

| 2001年 4月10日 © | 初版発行 |
| 2020年 3月25日 | 初版第9刷発行 |

著　者　香取　眞理　　　　発行者　森平　敏孝
　　　　中野　　徹　　　　印刷者　馬場　信幸
　　　　　　　　　　　　　製本者　米良　孝司

発行所　株式会社　サイエンス社

〒151–0051　東京都渋谷区千駄ヶ谷1丁目3番25号
営業　☎（03）5474–8500（代）　振替 00170-7-2387
編集　☎（03）5474–8600（代）
FAX　☎（03）5474–8900

印刷　三美印刷　　　　製本　ブックアート

《検印省略》

本書の内容を無断で複写複製することは，著作者および出版社の権利を侵害することがありますので，その場合にはあらかじめ小社あて許諾をお求め下さい．

ISBN4-7819-0981-7

PRINTED IN JAPAN

サイエンス社のホームページのご案内
http://www.saiensu.co.jp
ご意見・ご要望は
rikei@saiensu.co.jp まで．